数学建模简明教程

柏宏斌 兰恒友 陈德勤◎主编

西南交通大学出版社
·成 都·

图书在版编目（CIP）数据

数学建模简明教程 / 柏宏斌，兰恒友，陈德勤主编.
—成都：西南交通大学出版社，2017.2
ISBN 978-7-5643-5067-3

Ⅰ. ①数… Ⅱ. ①柏… ②兰… ③陈… Ⅲ. ①数学模型－高等学校－教材 Ⅳ. ①0141.4

中国版本图书馆 CIP 数据核字（2016）第 239767 号

数学建模简明教程
柏宏斌　兰恒友　陈德勤　主编

责任编辑　张宝华
特邀编辑　兰　凯
封面设计　何东琳设计工作室

出版发行　西南交通大学出版社
（四川省成都市二环路北一段 111 号
西南交通大学创新大厦 21 楼）
发行部电话　028-87600564　028-87600533
邮政编码　610031
网　　址　http://www.xnjdcbs.com

印　　刷　成都蓉军广告印务有限责任公司
成品尺寸　185 mm × 260 mm
印　　张　7.75
字　　数　192 千
版　　次　2017 年 2 月第 1 版
印　　次　2017 年 2 月第 1 次
书　　号　ISBN 978-7-5643-5067-3
定　　价　18.00 元

课件咨询电话：028-87600533
图书如有印装质量问题　本社负责退换

前 言

通过对理工科及文理兼收的文科大学生开设“数学建模”素质公选课程，可以让学生了解如何将实际问题抽象成数学应用问题，如何把自然、经济、社会等领域中的实际问题按照既定的目标归结为数学形式，并结合计算机来求解，进而提高学生运用数学思想和方法分析问题和解决问题的能力，培养学生的综合素质.

李大潜院士说:“数学建模的教学及竞赛是实施素质教育的有效途径.”《数学建模简明教程》通过介绍数学建模的重要性、数学建模的含义和数学建模的特点，以及大学生数学建模竞赛和建模培训对大学生能力的培养，可以让学生了解数学建模，同时也让学生认识到数学建模的精神和对素质培养的作用；通过对部分数学建模的初等模型和经典模型及建模常用软件“Matlab”和“SPSS”的介绍，可以让学生掌握数学建模的基础知识和方法；通过对数学建模论文格式要求和参赛优秀论文的介绍，可以让学生了解数学建模的整个过程和环节.

本书的编写得到了四川理工学院教务处和数学建模教练组的大力支持和帮助，四川理工学院大学生数学建模协会在文档和数据整理方面做了大量工作，指导老师刘自山老师及其所带领的参赛同学黄景伟、何鹏、刘洁对参赛论文简述方面做了大量工作，这里一并表示感谢.

由于编者水平有限，错误或不当之处，敬请广大读者批评指正.

如有建议和要求请发邮件到 hbbai@suse.edu.cn.

编 者

2016 年 10 月

目　录

第一章　数学建模概述

第一节　数学模型方法的重要性

科学数学化就是把在实践中提出的问题，利用数学理论和计算方法给出正确的数学描述，再运用数学方法解决自然科学、工程技术、经济科学、军事科学和管理科学中的实际问题. 多数人认为其工作程序是：

实际问题—数学化—数学模型—检验—应用

可见，数学模型是用数学方法解决实际问题的重要环节，从实际问题中提炼数学模型就要用到数学模型方法.

数学模型方法简称MM方法，它是将研究的某种事物系统采用数学形式化语言把该系统的特征和数量关系，抽象出一种数学结构的方法，这种数学结构称为数学模型. 一般地，一个实际问题系统的数学模型就是抽象的数学表达式，如代数方程、微分方程、差分方程、积分方程、逻辑关系式，甚至是一个计算机的程序等. 而由这种表达式算得某些变量的变化规律，与实际问题系统中相应特征的变化规律相符合. 一个实际问题系统的数学模型，就是对其中某些特征的变化规律作出最精炼的概括.

目前，数学模型方法已经得到广泛的应用，成为探索客观规律不可缺少的认识手段，并成为理论思维的有效形式，它在科学研究中发挥着愈来愈重要的作用. 其作用可概括为以下三个方面：

第一，数学模型方法同其他数学方法一样为科学研究提供了简洁、精确的形式化语言. 利用该方法从实际事物系统中抽象出数学模型，就是用数学符号表示复杂现象的内在联系，这一套数学符号称为形式化语言. 由于采用了数学形式化语言，所以对问题的陈述、推理、计算就能够大大简化并加速思维进程，从而揭示出事物的内在联系和运动规律，它具有明显的简洁性和精确性. 因此，自然科学、技术科学乃至社会科学的一些定律和原理都尽量表示成简明的数学公式，即数学模型. 如果不用形式化语言而用自然语言，不仅无法表达事物的复杂数量关系，就连最简单的数量关系也难以表达清楚.

第二，数学模型方法为科学研究提供抽象思维能力. 运用数学模型方法解决实际问题，研究者必须对事物系统进行具体分析，并善于“去粗取精”“化繁为简”地进行一系列抽象，从而得到一个既能反映问题本质特征，同时又是理想化、简单化的数学模型. 提炼模型的操作过程实质上是一个科学抽象过程，并由此来反映这种方法所独具的抽象能力. 实践使人们认识到，数学模型方法表现出一种抽象思维力量，而熟练使用模型方法则要求人们必须具有很强的抽象能力，必须精通数学抽象分析方法，如果失掉这种抽象认识手段，科学研究将会走进死胡同.

第三，数学模型方法有着巨大的科学预见作用. 利用模型方法得到数学模型后，可以在数学模型上展开数学推导、演算和分析，从而对研究对象作出正确的理论概括. 由此得到的理论成果，便于作出科学预见，进而把握超出感性经验以外的客观世界. 科学史上不少重大发现都是通过数学方法与专业理论相结合才提出的. 如电磁波的发现，首先是从英国物理学家麦克斯韦抽象出的数学模型——一组偏微分方程组中推导出来的，后来经德国物理学家赫兹通过实验所证实.

正因为数学思考方式是如此的重要，才使得数学通过数学建模过程能对事实上非常混乱的现象形成概念性和理想化的东西，也使数学建模方法在各种研究方法，特别是与电子计算机有关的研究方法中占据主导地位. 数学建模以及与之相伴随的计算正成为工程设计中的关键工具，因而了解和在一定程度上掌握并应用数学建模的思想和方法应当成为当代大学生必备的素质. 对于绝大多数大学生来说，这种素质的初步获得是通过高等数学等课程的学习和练习得到的.

第二节 数学模型及数学建模的含义和特点

一、数学模型及数学建模的含义

人们在观察、分析和研究现实对象时常常使用模型，如展览馆里的飞机模型、水坝模型. 实际上，照片、玩具、地图、电路图等都是模型，它们能概括、集中地反映现实对象的某些特征，从而帮助人们迅速、有效地了解并掌握那个对象. 数学模型不过是更抽象些的模型.

简单地说：数学模型就是对实际问题的一种数学表述.

具体一点说：数学模型是关于部分现实世界，为了某种目的而作出的一个抽象的简化的数学结构.

更确切地说：数学模型就是对一个特定的对象，为了一个特定目标，根据特有的内在规律，作出一些必要的简化假设，再运用适当的数学工具得到的一个数学结构. 数学结构可以是数学公式、算法、表格、图示等.

当需要从定量的角度分析和研究一个实际问题时，人们就要在深入调查研究、了解对象信息、作出简化假设、分析内在规律等工作的基础上，用数学的符号和语言，把它表述为数学式子，也就是数学模型，然后用通过计算得到的模型结果来解释实际问题，并接受实践的检验. 这个建立数学模型的全过程就称为数学建模.

数学建模是一种重要的数学思考方法，是运用数学的语言和方法，通过抽象、简化建立能近似刻画实际问题的数学模型，再利用计算机求解“解决”实际问题的一种强有力的数学手段；是对现实世界的一特定现象，为了某特定目的，根据特有的内在规律，作出一些重要的简化和假设，再运用适当的数学工具得到一个数学结构，并用它来解释特定现象的现实性态，预测对象的未来状况，提供处理对象的优化决策和控制，设计满足某种需要的产品等. 数学建模是使用数学模型来解决实际问题，并将各种知识综合运用于实际问题的解决中，它是培养和提高学生应用所学知识分析问题和解决问题的能力的必备手段之一. 简单地说：就是系统的某种特征的本质的数学表达式（或者用数学术语对部分现实世界的描述），即用数学式子（如函数、图形、代数方程、微分方程、积分方程、差分方程等）来描述（表述、模拟）所研究的客观对象或系统在某一方面的存在规律.

二、数学模型及数学建模的特点

我们已经看到建模是利用数学工具解决实际问题的重要手段. 数学模型有许多优点，但也有缺点. 建模需要相当丰富的知识、经验和各方面的能力，同时应注意掌握分寸. 下面给出了数学模型及数学建模的若干特点，以期学生在学习过程中逐步领会.

（1）模型的逼真性和可行性.

一般来说，人们总是希望模型尽可能地逼近研究对象，但是一个非常逼真的模型在数学上常常是难以处理的，因而不容易达到通过建模对现实对象进行分析、预报、决策或者控制的目的，即实用上不可行. 另一方面，越逼真的模型常常越复杂，即使数学上能处理，这样的模型应用时所需要的“费用”也相当高，而高“费用”不一定与复杂模型取得的“效益”相匹配. 所以建模时往往需要在模型的逼真性与可行性以及“费用”与“效益”之间作出评判和抉择.

（2）模型的渐进性.

稍微复杂一些的实际问题的建模不可能一次成功，通常要经过其前面所描述的建模过程的反复迭代，包括由简到繁，也包括删繁就简，以期获得越来越满意的模型. 在科学发展过程中，随着人们认识和实践能力的提高，各门学科中的数学模型也存在着一个不断完善或者推陈出新的过程. 从 19 世纪力学、热学和电学等许多学科中由牛顿力学建立的模型，到 20 世纪爱因斯坦相对论模型的建立，就体现了模型渐进性这一特点.

（3）模型的强健性.

模型的结构和参数常常是由对象的信息如观测数据确定的，而观测数据是允许有误差的. 一个好的模型应该具有下述意义下的强健性：当观测数据（或其他信息）有微小改变时，模型的结构和参数只能有微小变化，并且一般也要求模型求解的结果有微小变化.

（4）模型的可转移性.

模型是现实对象抽象化、理想化的产物，它不为对象的所属领域所独有，可以转移到其他领域. 在生态、经济、社会等领域内建模就常常借用物理领域中的模型. 模型的这种性质显示了其应用的广泛性.

（5）模型的非预制性.

虽然人们已经提出了许多应用广泛的模型，但是实际问题是各种各样、变化万千的，因此不可能要求把各种模型作成预制品供你在建模时使用. 模型的这种非预制性使得建模本身常常是事先没有答案的问题（open-end problem），所以在建立新的模型的过程中常常会伴随着新的数学方法或数学概念的产生.

（6）模型的条理性.

从建模的角度考虑问题可以使人们对现实对象的分析更加全面、更加深入、更具条理性，这样即使建立的模型由于种种原因尚未达到实用的程度，对问题的研究也是有利的.

（7）模型的技艺性.

建模的方法与其他一些数学方法如方程解法、规划解法等从根本上讲是不同的，它是无法归纳出若干条普遍适用的建模准则和技巧的．建模与其说是一门技术，不如说是一种艺术．经验、想象力、洞察力、判断力以及直觉、灵感等在建模过程中所起的作用往往比一些具体的数学知识更大．

第三节 大学生数学建模竞赛以及数学建模教学与竞赛对大学生能力的培养

一、大学生数学建模竞赛

美国大学生数学建模竞赛（MCM/ICM）由美国数学及其应用联合会主办，是唯一的国际性数学建模竞赛，也是世界范围内最具影响力的数学建模竞赛．赛题内容涉及经济、管理、环境、资源、生态、医学、安全、未来科技等众多领域．竞赛要求三人（本科生）为一组，在四天时间内，就指定的问题完成从模型建立、求解、验证到论文撰写的全部工作．美国大学生数学建模竞赛体现了参赛选手研究问题、解决方案的能力以及团队合作精神，为现今各类数学建模竞赛之鼻祖．

MCM/ICM 是 Mathematical Contest In Modeling 和 Interdisciplinary Contest In Modeling 的缩写，即“数学建模竞赛”和“交叉学科建模竞赛”．MCM 始于 1985 年，ICM 始于 2000 年，由 COMAP（the Consortium for Mathematics and Its Application，美国数学及其应用联合会）主办，得到了 SIAM，NSA，INFORMS 等多个组织的赞助．MCM/ICM 着重强调研究问题、解决方案的原创性、团队合作、交流以及结果的合理性．

2015 年，共有来自美国、中国、加拿大、芬兰、英国、澳大利亚等 19 个国家和地区的 9773 支队伍参加 MCM/ICM，其中包括来自哈佛大学、普林斯顿大学、麻省理工学院、清华大学、北京大学、浙江大学、复旦大学、上海交通大学、西安交通大学、哈尔滨工业大学、华北电力大学、西南交通大学、北京邮电大学等国际知名高校学生参与此项赛事角逐．

中国大学生数学建模竞赛创办于 1992 年，每年一届，目前已成为全国高校规模最大的基础性学科竞赛，也是世界上规模最大的数学建模竞赛．2015 年，来自全国 33 个省（市、自治区）及新加坡和美国的 1326 所院校、28665 个队（其中本科 25646 队、专科 3019 队）、近 86000 名大学生报名参加本项竞赛．2016 年，来自全国 33 个省/市/区（包括我国香港和澳门）及新加坡的 1367 所院校、31199 个队（其中本科 28046 队、专科 3153 队）、共 93000 多名大学生报名参加本项竞赛．

1．竞赛设置

竞赛宗旨：创新意识　团队精神　重在参与　公平竞争

指导原则：扩大受益面，保证公平性，推动教学改革，提高竞赛质量，扩大国际交流，促进科学研究．

全国大学生数学建模竞赛是全国高校规模最大的课外科技活动之一．该竞赛于每年 9 月（一般在上旬某个周末的星期五至下周星期一，共 3 天，72 小时）举行，面向全国大专院校学生，不分专业；但竞赛分本科、专科两组，所有大学生均可参加本科组竞赛，而专科组竞赛只有专科生（包括高职、高专生）可以参加. 同学可以向本校教务部门咨询，如有必要也可直接与全国竞赛组委会或各省（市、自治区）赛区组委会联系.

2. 社会应用

数学建模的应用对数学建模竞赛起了非常大的促进作用. 国内首家数学建模公司——北京诺亚数学建模科技有限公司已在北京成立，这是已读博士学位的魏永生和另外两位志同道合的同学一起创办的创业项目，这也源于他们熟悉的数学建模领域. 魏永生三人在 2003 年 4 月组建了一个大学生数学建模竞赛团队，该团队当年就获得了国家二等奖，2005 年又荣获了国际数学建模竞赛一等奖，同年 10 月他们注册了数学建模爱好者网站. 本着数学建模走向社会、走向应用的宗旨，他们在 2007 年 6 月正式确立了以数学建模应用为创业方向的团队，开启了创业之路. 同月初，北京诺亚数学建模科技有限公司正式注册，这标志着魏永生团队的创业之路走向正轨. 现在，诺亚数学建模公司正以其专业化的视角不断拓展业务，壮大实力，已涉及铁路交通、公路交通、物流管理等相关领域的数学建模及数学模型解决方案、咨询服务. 魏永生向记者解释说，也许很多人并不了解数学建模究竟有什么用途，对此，他举了个例子：对于一个火车站，若要计算隔多久发一辆车才能既保证把旅客都带走，又能最大限度地节约成本，这些通过数学建模就能找出最优方案. 魏永生介绍说，他们的数学建模团队已有 6 年的历史，彼此配合很默契，也做了数十个大大小小的项目. 他们的创业理念是为直接和潜在客户提供一种前所未有的数学建模优化及数学模型解决方案，真正为客户实现投资收益的最大化、生产成本费用的最小化.

3. 相关意义

数学建模竞赛是国内高校中历史最悠久、举办届数最多的学科竞赛，在组织模式上创造了许多经验，已被其他学科竞赛借鉴，同时也带动了其他大学生学科竞赛的健康发展.

数学建模竞赛具有三个阶段：赛前培训、竞赛阶段、赛后继续阶段. 如 2004 年的“饮酒驾车”赛题，让学生分析、估计司机饮用少量酒后多长时间驾车才符合交通规则，重庆某学校师生与当地交警大队联系，由交警大队安排司机做试验，学校师生进行分析，根据司机肇事时的酒精浓度推测他饮用了多少酒；该成果在交警队得到了应用；该成果获得第九届“挑战杯”全国大学生课外学术科技作品竞赛全国终审决赛获全国奖的“数理类”作品.

现在，高校普遍开设了数学建模课程，并举办了校内竞赛，倡导“一次参赛终身受益”的参赛理念. 近 17 年来直接参加全国竞赛的学生约有 20 万人，至少有 200 万名学生在竞赛的各个层面上得到了培养和锻炼.

数学建模竞赛是开放型竞赛，是大学阶段除毕业设计外难得的一次“真枪实弹”的训练，它要求学生三天内自觉地遵守竞赛纪律，具有诚信意识和自律精神. 竞赛丰富和活跃了广大同学的课外生活，为优秀学生脱颖而出创造了条件.

二、数学建模与竞赛对大学生能力的培养

数学建模竞赛是一项有意义的活动，它对于提高在校大学生的综合素质、培养在校大学生的创新意识和合作精神、促进学校教学建设和教学改革都有着重要的作用. 数学建模竞赛

也是当代大学生素质教育的一种具体形式，竞赛涉及参赛者的德、智、体等各方面的能力水平. 诚信是比赛的基本原则，智力是比赛的动力，体力是比赛的基础. 参加数学建模竞赛是对学生道德修养、创造能力和身体素质的一次全面检验，是学校教学改革成果的综合体现.

数学建模竞赛要求学生在面对一个从未接触过的实际问题时，要运用数学方法和计算机技术加以分析和解决，此时，他们必须开动脑筋，拓宽思路，并充分发挥创造力和想象力. 它对学生创新能力的培养作用早已引起了社会各界的广泛关注.

数学建模竞赛带给参赛学生无数次的惊喜和成功，而成功和喜悦的背后又是多少局外人难以想象的艰辛，是竞赛磨炼了他们的意志，丰富了他们的人生阅历. 竞赛锤炼了他们的创新与合作的心态，这种心态又是他们成功的基石，因为他们胜而不骄，败而不馁.

在这个平台上，参赛学生拥有遇到困难时将“建模”进行到底的勇气，并尽情地展示自我，超越自我，学会了如何将知识与应用融入一体的学习；学会了如何将理论与实践融入一体的思考；学会了创新思维和团结协作意识，收获了成功的喜悦和队友的友谊.

下面从三个方面来讲述数学建模活动与其能力培养的关系.

1. 数学建模与就业、升学、出国间的关系

学习数学建模能够接触到国内外的各种数学软件，如 Matlab、SAS、Lingo 等；能够拓宽解决问题的思路与方法；能够提高解决实际问题的创新能力和动手能力及科研能力；能够体验撰写论文流程；能够锻炼学生抗压耐压能力，因此，学习数学建模特别是参加了国内外的数学建模大赛，至少能让人明白你已基本具备了上述能力.

一个人基本具备了上述这些能力，也就有了实际的工作能力，现在很多单位特别需要有思想，能动手，还能吃苦耐劳的工作者，而在中国的大学生中真正具备这些能力的学生并不多. 学习建模的学生正以他们的博学多才、敢想敢干、坚强意志而深受用人单位青睐，下面以华中农业大学为例做一介绍. 自 2005 年以来，该校学生的数学建模成绩突飞猛进，这也使得只要参加过数学建模的学生都找到了很好的工作. 阿里巴巴、百度、搜狐、华为、腾讯、京东等企业均有他们的学生.

学习数学建模，不仅能够让学生学到很多建模及其数据处理的方法，更能培养学生思考问题和解决问题的良好习惯. 不管是自然科学还是社会科学甚至人文科学等，都需要抽象出问题的背景和所要解决的问题，之后就归结为数学问题了. 数学是任何学科科学研究的基础，一个学生一旦掌握了这种研究问题的方法和意识，他在科学研究中也就很容易取得成功. 作为高校的研究生导师，都非常愿意录取这样的学生. 华中农业大学参加过全国数学建模竞赛的学生中有近一半的进入了清华大学、北京大学、北京师范大学、中国人民大学等“985”高校进行深造；有近三分之一的学生本科毕业后进入了美国、英国、德国、新加坡、澳大利亚等国的著名高校深造，且大部分学生取得了资助. 在华中农业大学参加数学建模的动力就是升学和出国，而很多出国留学机构也都和该校的数学建模基地进行了合作. 该校数学建模团队正努力将数学建模基地打造为出国基地.

2. 企业中的数学建模问题

21 世纪以来，中国经济高速发展，中国与世界发达国家的差距越来越小，而随着经济市场化、全球化步伐的加快，数据信息的海量化和复杂化程度越来越高，这也使得企业在高速

变化的全球经济中面临的竞争和挑战将会很大，但同时机会也会很多. 然而如何科学地进行决策以期获得最大利润才是企业的生存之本，因此，作为一个企业需要在市场竞争分析、消费需求分析、生产优化控制、运输储存、产品开发、资源管理以及人员调配等诸多环节进行系统优化，而这些优化是离不开数学建模的. 随着大数据时代的到来，企业更需要具有大数据处理能力的硬件和软件，而软件就是数学建模及相应的计算方法.

正是数学建模教给了学生如何运用数学知识建立企业生产决策中大数据处理所需要的数学模型，并编写相应的计算方法，而具备这些能力的学生无疑是企业所青睐的. 数学建模人才的培养与社会需求紧密相连，因而具有旺盛的生命力.

企业中的数学建模问题，大致可分为五大类：一是预测预报问题，包括产品销售、交易期望、生产前景等；二是评价与决策，包括实施方案的风险评估、项目的选择、绩效的评价等；三是分类与判别，包括消费群体的分类、产品归属的判别等；四是关联与因果分析，包括产品质量控制、市场营销等；五是优化与控制，包括生产流程控制、产品定价问题、工程预算问题、规划设计问题等.

数学建模问题本身就来自于现实世界，来自于企业，因此数学建模问题解决的好坏对企业的发展起到了至关重要的作用，而掌握了这种技术的人无疑将在企业中发挥重要的作用.

3. 数学建模对科研和工作的影响

数学在生活中无处不在，数学能力的考察并不仅仅是单纯数学知识层面的考察，更多的是数学思维能力和应用能力的考察. 而数学建模的实践就是引导大学生们发现实际生活中的数学规律，学会运用数学方法来解决生活当中的问题，从而使自己的思维能力得到很好的锻炼. 所以说，参加数学建模学到的实际是一种数学技能，一种可以伴随人一生的思维能力. 包括逻辑思维能力、逆向思维能力、创新能力、快速自学能力、文字表达能力以及团队协作能力，等等.

通过数学建模的学习，培养了学生“学数学，用数学”的意识和能力，包括查阅资料的能力、文献综述的能力、模型建立的能力、问题分析的能力、计算编程的能力、科研写作的能力以及超强的自学能力. 而有了这些能力，学生就有了创新和动手的能力，也就有了较高的科研潜能和素质，同时也具备了较强的工作能力. 科研工作也需要一个具有肯吃苦、善思考、勤动手、能反思等素质的人来担当，而数学建模就是为了培养学生的这些素质，因此，学习数学建模就是培养了我国的工作能手和科研骨干.

第二章　初等数学模型

第一节　建立数学模型的基本方法和步骤

一、数学建模的基本方法

建立数学模型的方法没有一定的模式，模型的优劣主要在于能否反映系统的全部重要特征，即模型的准确性和实用性. 建立模型的方法主要有：主成分分析法、因子分析法、聚类分析法、最小二乘法与多项式拟合法、方差分析逼近理想点排序法、动态加权法、灰色关联分析法、灰色预测法、模糊综合评价、时间序列分析法、蒙特卡罗（MC）仿真模型法、BP神经网络方法、数据包络分析法、多因素方差分析法等. 如何具体应用这些算法，实现问题的求解，需要从问题的本质特征入手，再进行合理分析，进而选取正确的算法.

1. 机理分析

机理分析就是根据对现实对象特性的认识，分析因果关系，从而找出反映其内部机理的规律，所以建立的模型常有明确的物理或现实意义. 主要方法有：

（1）比例分析法：建立变量之间函数关系的最基本、最常用的方法.

（2）代数方法：求离散问题（离散的数据、符号、图形）的主要方法.

（3）逻辑方法：数学理论研究的重要方法. 常用来解决社会学和经济学等领域的实际问题，在决策、对策等学科中得到了广泛应用.

（4）常微分方程：常用来解决两个变量之间的变化规律的问题，关键是建立“瞬时变化率”的表达式.

（5）偏微分方程：常用来解决因变量与两个及两个以上自变量之间的变化规律的问题.

2. 测试分析

测试分析方法就是将研究对象视为一个“黑箱”系统，其内部机理无法直接寻求，只有通过测量系统的输入输出数据，再以此为基础运用统计分析方法，按照事先确定的准则在某一类模型中选出一个数据拟合的最好的模型的方法.

（1）回归分析法：通过函数 $f(x)$ 的一组观测值 (x_i, y_i) ，$i=1,2,\cdots,n$ ，来确定函数的表达式. 由于处理的是静态的独立数据，故称为数理统计方法.

（2）时序分析法：处理的是动态的相关数据，故又称为过程统计方法.

实际运用时，可先用机理分析法建立模型的结构，再用系统测试法确定模型中的参数.

3. 仿真和其他方法

（1）计算机仿真（模拟）：实质上它是一种统计估计方法，等效于抽样试验，主要分为离散系统仿真和连续系统仿真.

（2）因子测试法：在系统上做局部试验，再根据试验结果不断进行分析和修改，进而求得所需的模型结构.

（3）人工现实法：基于对系统过去行为的了解和对未来希望达到的目的，考虑到系统有关因素的可能变化，人为地组成一个系统.

二、数学建模的基本步骤

建模的步骤一般分为模型准备、模型假设、模型建立、模型求解、模型分析、模型检验、模型应用.

（1）模型准备.

要建立数学模型，首先要对问题进行剖析，以抓住问题的本质和主要因素，进而确定问题的关键字，并查阅资料和文献，了解问题的实际背景、相关数据和相关研究进展情况，以获得关键性资料，初步确定研究问题的类型. 数学建模竞赛所处理的问题都是来自于实际生活中的各个领域，没有固定的答案，所以要明确问题中所给出的关键信息，必须把握好解决问题的方向和目的，再仔细分析问题，适当添加关键性信息和数据（权威性），进而为后续的求解模型奠定基础.

（2）模型假设.

根据对象的特征和模型建立的目的，对问题进行必要的、合理的简化，再用精确的语言作出假设，可以说这是建模过程中关键的一步. 一般来说，一个实际问题不经过简化假设是很难翻译成数学问题的，即使可能，也很难求解. 不同的简化假设会得到不同的模型，假设做得不合理或过于简单，均会导致模型失败或部分失败；假设做得过于详细，试图把复杂对象的各方面因素都考虑进去，可能会使你很难甚至无法继续下一步的工作. 通常，做假设的根据，一是出于对问题内在规律的认识，二是来自对数据或现象的分析，也可以是两者的综合. 做假设时既需要运用与问题相关的物理、化学、生物、经济等方面的知识，又需要充分发挥想象力、洞察力和判断力，要善于辨别问题的主次，果断地抓住主要因素，舍弃次要因素，尽量将问题线性化、均匀化. 写出假设时，语言要精确，界限要分明，要简明扼要.

（3）模型建立.

根据假设以及事物之间的联系，利用适当的数学工具去刻画各变量之间的关系，建立相应的数学结构，即建立数学模型. 把问题化为数学问题，注意要尽量采取简单的数学工具，因为简单的数学模型往往更能反映事物的本质，而且也容易使更多的人掌握和使用.

（4）模型求解.

利用已知的数学方法求解上一步所得到的数学问题时，往往还要做出进一步的简化或假设，在难以得到解析解时，应当广泛借助计算机技术求解，如 Matlab、Lingo、SPSS 等.

（5）模型分析.

对模型解答进行数学上的分析，有时要根据问题的性质分析变量间的依赖关系或稳定状况，有时要根据所得结果给出数学上的预报，有时则要给出数学上的最优决策或控制，然而不论哪种情况出现都需要进行误差分析，以及模型对数据的稳定性或灵敏性分析，等等.

（6）模型检验.

分析所得结果的实际意义，再与实际情况进行比较，看看所得结果是否符合实际；如果结果不够理想，应该修改或者补充假设或者重新建模，有些模型需要几次反复才能不断完善.

（7）模型应用.

所建立的模型必须在实际应用中才能产生效益，也只有在应用中才能不断改进和完善.应用的方式取决于问题的性质和建模的目的.

第二节　双层玻璃窗导热模型

这里运用平壁稳态导热数学模型建立一个双层玻璃窗导热模型，以说明双层玻璃设计的优化问题.

一、模型准备

北方城镇的很多建筑物的窗户是双层玻璃的，即窗户上安装两层玻璃且中间留有一定空隙，两层厚度为 d 的玻璃夹着一层厚度为 l 的空气．根据常识这样做是为了保暖，是为了减少室内向室外的热量流失．下面建立一个数学模型来描述热量通过窗户传导的流失过程，并将双层玻璃窗与用同样多材料做成的单层玻璃窗（玻璃厚度为 $2d$）的热量传导进行对比，以定量分析双层玻璃窗能够减少多少热量损失.

二、模型假设

（1）热量的传播过程只有传导，没有对流．即假定窗户的密封性能很好，两层玻璃之间的空气是不流动的.

（2）室内温度 T_1 和室外温度 T_2 保持不变，热传导过程是稳态传热.

（3）玻璃材料均匀，热传导系数是常数.

三、模型构成

在上述假设下的热传导为平壁稳态导热，所以遵从傅里叶基本定律．厚度为 d 的均匀介质，两侧温度差为 ΔT，则单位时间由温度高的一侧向温度低的一侧通过单位面积的热量为 q，

则由傅里叶热传导定律 $\mathrm{d}Q=-\lambda \mathrm{d}A\dfrac{\partial t}{\partial x}$ 得：

$$q=\lambda\frac{\Delta T}{d} \tag{1}$$

其中 λ 为热传导系数．即双层玻璃窗内层玻璃的外层温度是 T_a，外层玻璃的内层温度是 T_b，玻璃的热传导系数为 λ_1，空气的热传导系数为 λ_2，双层玻璃中空气厚度为 l．由（1）式知单位时间单位面积的热流密度为：

$$q_1=\lambda_1\frac{T_1-T_a}{d}=\lambda_2\frac{T_a-T_b}{l}=\lambda_1\frac{T_b-T_2}{d} \tag{2}$$

从（2）式中消去T_a,T_b，可得：

$$q_1=\frac{\lambda_1(T_1-T_2)}{d(s+2)}，\text{其中 } s=h\frac{\lambda_1}{\lambda_2}，\ h=\frac{l}{d} \tag{3}$$

而对于厚度为$2d$的单层玻璃窗，其热量传导为：

$$q_2=\lambda_1\frac{T_1-T_2}{2d} \tag{4}$$

两者之比为：

$$\frac{q_1}{q_2}=\frac{2}{s+2} \tag{5}$$

显然，$q_1<q_2$. 为了得到更具体的结果，查得λ_1及λ_2的值（焦耳/厘米·度），常用玻璃的热传导系数$\lambda_1=4\times10^{-3}\ \mathrm{J/cm\cdot k}$，不流通、干燥空气的热传导系数$\lambda_2=2.5\times10^{-4}\ \mathrm{J/cm\cdot k}$，所以有：

$$\frac{\lambda_1}{\lambda_2}=16.32$$

在分析双层玻璃窗比单层玻璃窗能减少多少热量损失时，我们做最保守的估计，即取$\frac{\lambda_1}{\lambda_2}$=16，由（3）、（5）两式可得：

$$\frac{q_1}{q_2}=\frac{1}{8h+1}，\text{其中 } h=\frac{l}{d} \tag{6}$$

比值$\frac{q_1}{q_2}$反映了双层玻璃窗在减少热量损失上的功效，它只与$h=\frac{l}{d}$有关. 图2-1给出了$\frac{q_1}{q_2}$关于h的函数曲线，当h增加时，$\frac{q_1}{q_2}$迅速下降，而当h超过一定值后（比如$h>4$后），$\frac{q_1}{q_2}$下降变缓，可见h不必选择过大.

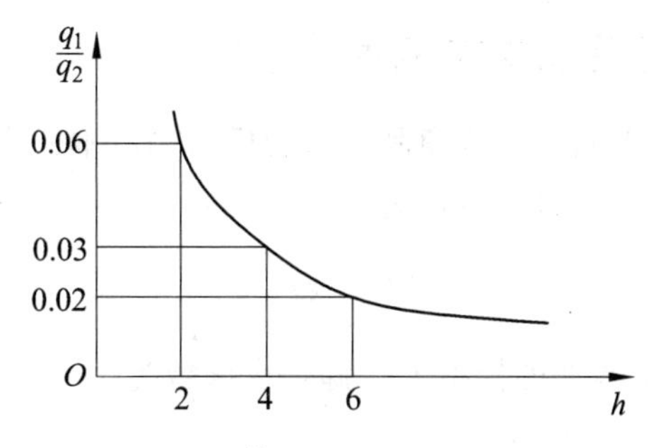

图 2-1　$\frac{q_1}{q_2}$关于h的函数曲线

四、模型求解及应用

这个模型具有一定的应用价值. 制作双层玻璃窗虽然工艺复杂，会增加一些费用，但它减少的热量损失却是相当可观的. 通常，建筑规范要求 $h=\frac{l}{d}\approx 4$，即两层玻璃之间的间距是玻璃厚度的 4 倍. 按照这个模型，$\frac{q_1}{q_2}\approx 3\%$，即双层窗户比同样多的玻璃材料制成的单层窗户节约热量97%左右. 不难发现，有如此高的功效的原因在于两层玻璃之间的空气有极低的热传导系数 λ_2，而这则要求空气是干燥的、不流通的. 作为模型假设的这个条件在实际环境下当然不可能完全满足，所以实际上双层窗户的功效会比上述结果差一些. 另外，应该注意到，一个房间的热量散失，通过玻璃窗常常只占一小部分，热量还要通过天花板、墙壁、地面等流失.

运用平壁稳态导热数学模型建立一个双层窗导热模型，让我们认识到切实把传热学与数学建模结合起来了. 用数学建模的方法解决传热学的问题，虽然实例很简单，但足以说明实际问题.

第三节　市场经济中的蛛网模型

一、蛛网模型介绍

蛛网理论（cobweb theorem），又称蛛网模型，是利用弹性理论来考察价格波动对下一个周期产量产生影响的动态分析，是用于市场均衡状态分析的一种理论模型. 蛛网理论是 20 世纪 30 年代出现的一种动态均衡分析方法.

蛛网模型理论是在现实生活中应用较多且较广的动态经济模型，它在一定范围内揭示了市场经济规律，对实践具有一定的指导作用. 根据产品需求弹性与供给弹性的不同关系，将波动情况分成三种类型：收敛型蛛网（供给弹性小于需求弹性）、发散型蛛网（供给弹性大于需求弹性）和封闭型蛛网（供给弹性等于需求弹性）. 近年来，许多学者对经典的蛛网模型进行了广泛的研究并做了一些改进，建立了更符合实际经济意义的蛛网模型.

二、蛛网模型在西方经济学中的定性分析

蛛网模型考察的是生产周期较长的商品. 蛛网模型的基本假设条件是：商品的本期产量 Q_t^S 决定于前一期的价格 P_{t-1}，即供给函数为

$$Q_t^S=f(P_{t-1})$$

商品本期的需求量 Q_t^D 决定于本期的价格 P_t，即需求函数为

$$Q_t^D=g(P_t)$$

本书中用 P_t, Q_t, Q_t^D, Q_t^S 分别表示 t 时刻的价格、数量、需求量、供给量. 蛛网模型是一个动态模型，它根据供求曲线的弹性分析了商品的价格和产量波动的三种类型："收敛型蛛网""发散型蛛网" 和 "封闭型蛛网".

第一种类型：如图 2-2 所示，相对于价格轴（纵轴），需求曲线斜率的绝对值大于供给曲线斜率的绝对值. 当市场受到干扰偏离原有的均衡状态以后，实际价格和实际产量会围绕均衡水平上下波动，但波动的幅度越来越小，最后会恢复到原来的均衡点. 相应的蛛网称为 "收敛型蛛网".

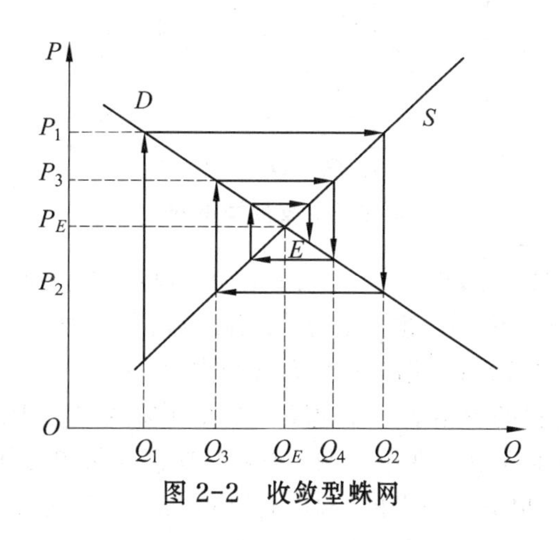

图 2-2　收敛型蛛网

由于某种因素的干扰，如恶劣的气候条件，实际产量由均衡水平 Q_E 减少为 Q_1. 根据需求曲线，消费者愿意以价格 P_1 购买全部产量 Q_1，于是，实际价格上升为 P_1.

根据第一期较高的价格水平 P_1，按照供给曲线，生产者将第二期的产量增加为 Q_2；在第二期，生产者为了出售全部产量 Q_2，接受消费者支付的价格 P_2，于是实际价格下降为 P_2. 根据第二期较低的价格 P_2，生产者将第三期的产量减少为 Q_3；在第三期，消费者愿意支付 P_3 的价格购买全部的产量 Q_3，于是实际价格又上升为 P_3. 根据第三期的较高的价格 P_3，生产者又将第四期的产量调整为 Q_4.

依此类推，如图 2-2 所示，实际价格和实际产量的波动幅度越来越小，最后恢复到均衡点 E 所代表的水平. 由此可见，图 2-2 中均衡点 E 状态是稳定的. 也就是说，鉴于外在的原因，当价格与产量发生波动而偏离均衡状态 (P_E, Q_E) 时，经济体系中存在着自发的因素，能使价格和产量自动的恢复到均衡状态. 在图 2-2 中，产量与价格变化的路径就形成了一个蜘蛛网似的图形.

从图 2-2 中可以看到，只有当供给曲线斜率的绝对值大于需求曲线斜率的绝对值时，即供给曲线比需求曲线较为陡峭时，才能得到蛛网稳定的结果，相应的蛛网称为 "收敛型蛛网". 在这里，我们看到，除第一期受到外在因素干扰外，其他各期都不会再受新的外在因素干扰，从而前一期的价格能够唯一决定下一期的产量. 按照动态的逻辑顺序，我们还看到，生产者片面地根据上一期的价格决定供给量，消费者被动地消费生产者提供的全部生产量，而价格则由盲目生产出来的数量所决定.

第二种类型：如图 2-3 所示，相对于价格轴（纵轴），需求曲线斜率的绝对值小于供给曲线斜率的绝对值. 当市场受到外力干扰偏离原有的均衡状态以后，实际价格和实际产量会围绕均衡水平上下波动，但波动的幅度越来越大，最后会偏离原来的均衡点．相应的蛛网称为“发散型蛛网”．

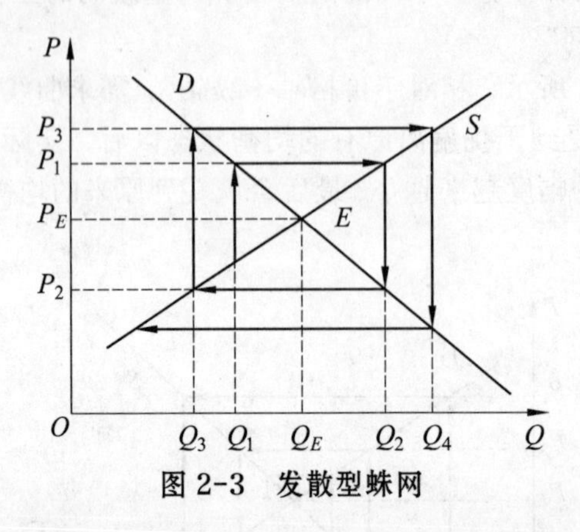

图 2-3　发散型蛛网

假定在第一期由于某种因素的干扰，实际产量由均衡水平 Q_E 减少为 Q_1．根据需求曲线，消费者愿意支付价格 P_1 购买全部产量 Q_1，于是实际价格上升为 P_1，根据第一期较高的价格水平 P_1，按照供给曲线，生产者将第二期的产量增加为 Q_2；在第二期，生产者为了出售全部产量 Q_2，接受消费者支付的价格 P_2，于是实际价格下降为 P_2．根据第二期较低的价格 P_2，生产者将第三期的产量减少为 Q_3；在第三期，消费者愿意支付 P_3 的价格购买全部的产量 Q_3，于是实际价格又上升为 P_3；根据第三期的较高的价格 P_3，生产者又将第四期的产量调整为 Q_4．

依此类推，如图 2-3 所示，实际价格和实际产量的波动幅度越来越大，最后偏离均衡点 E 所代表的水平．由此可见，图 2-3 中均衡点 E 所代表的均衡状态是不稳定的．

从图 2-3 可看出，当相对于价格轴（纵轴），需求曲线斜率的绝对值小于供给曲线斜率的绝对值时，即相对于价格轴（纵轴）而言，需求曲线比供给曲线较为平缓时，才能得到蛛网不稳定的结果．所以供求曲线的上述关系是蛛网不稳定的条件，当市场由于受到干扰偏离原有的均衡状态以后，实际价格和实际产量会围绕均衡水平上下波动，但波动的幅度越来越大，偏离原来的均衡点越来越远，相应的蛛网称为“发散型蛛网”．

在一般的经济学原理分析中，对蛛网模型理论都给予了动态分析，但分析过程大都仅仅从经济学供求关系角度对产品产量与价格的波动过程进行解释．这种说明性的分析与论证，尽管具有形象、直观的特点．但从数学角度来看，这类分析可以说是不很严密的．本文分别在时间连续的条件下从微分方程的角度与时间离散的条件下从差分方程的角度入手，对蛛网模型进行了数学上的分析与论证，为这一理论的量化分析提供了新的思路．

第三章　经典数学模型

第一节　数据处理

一、曲线拟合

在科学研究与工程计算中，常常需要从一组测量数据(x_i, y_i) $(i=1,2,\cdots,n)$出发，寻找变量x与y的函数关系式，但由于测量误差等各方面因素，人们很难找到精确的函数表达式. 这时就需要根据观察点的数值，寻找函数$y=p(x)$，使得$p(x)$在某种准则下与已知数据点最为接近，这个寻找函数$y=p(x)$的过程称为曲线拟合. 拟合出的函数图像与测量的数据点越接近，说明曲线拟合得越好.

根据曲线拟合的定义，曲线拟合好坏的关键在于准则的选取，选取的准则不同，其对应的拟合方法及复杂程度也不相同. 对于一维曲线拟合，n个不同的离散数据点为(x_i, y_i) $(i=1,2,\cdots,n)$，要寻找的拟合曲线方程为$y=p(x)$，记拟合函数在x_i处的偏差为$\delta_i = p(x)-y_i$ $(i=1,2,\cdots,n)$，常用的准则有：

准则一　选取$p(x)$，使所有偏差的绝对值之和最小，即

$$\sum_{i=1}^{n}|\delta_i| = \sum_{i=1}^{n}|p(x_i)-y_i| \to \min$$

准则二　选取$p(x)$，使所有偏差的绝对值的最大值最小，即

$$\max_{i=1,2,\cdots,n}|\delta_i| = \max_{i=1,2,\cdots,n}|p(x_i)-y_i| \to \min$$

准则三　选取$p(x)$，使所有偏差的平方和最小，即

$$\sum_{i=1}^{n}\delta_i^2 = \sum_{i=1}^{n}(p(x_i)-y_i)^2 \to \min$$

相对而言，准则三最便于计算，因而通常根据准则三来选取拟合曲线$y=p(x)$. 准则三又称为最小二乘准则，对应的曲线拟合称为最小二乘拟合.

确定了准则之后，就要确定拟合函数$y=p(x)$的形式. 一般做法是：首先绘出所给数据的散点图，观察数据所呈现出来的曲线的大致形状，再结合所给问题在专业领域内的相关规律和结论，来确定拟合函数的形式. 实际操作时可在直观判断的基础上，选几种常用的曲线分别进行拟合，通过比较选择拟合效果最好的曲线. 常用的曲线有直线、多项式、双曲线和指数曲线等.

拟合函数一旦确定之后，接下来的工作就是根据给定的数据确定拟合函数中的待定系数，如最简单的直线拟合，$p(x)=ax+b$中就有a, b两个系数需要确定. 根据这些待定系数在拟合

函数中出现的形式，曲线拟合又分为线性曲线拟合和非线性曲线拟合．一般地，如果拟合函数 $p(x)$ 中的系数 $a_0,a_1,\cdots,a_n$ 全部以线性形式出现，如多项式拟合函数 $p(x)=a_0+a_1x+\cdots+a_nx^n$，则称之为线性曲线拟合；若拟合函数 $p(x)$ 中的系数 $a_0,a_1,\cdots,a_n$ 不能全部以线性形式出现，如指数拟合函数 $p(x)=a_0+a_1\mathrm{e}^{-a_2n}$，则称之为非线性曲线拟合．下面以多项式曲线拟合为例来介绍曲线拟合一般方法．

一般地，对于给定的 n 组数据 (x_i,y_i) $(i=1,2,\cdots,n)$，要寻找一个 $m(m<<n)$ 次多项式 $p(x)=a_0+a_1x+\cdots+a_mx^m$ 满足准则三，即使

$$Q(a_0,a_1,\cdots,a_n)=\sum_{i=1}^{n}\delta_i^2=\sum_{i=1}^{n}(p(x_i)-y_i)^2=\sum_{i=1}^{n}\left(\sum_{j=0}^{m}a_jx_i^j-y_i\right)^2\to\min$$

由多元函数极值存在的必要条件可知，系数 $a_j(j=0,1,2,\cdots,m)$ 必须满足：

$$\frac{\partial Q}{\partial a_j}=0,\ j=0,1,2,\cdots,m$$

即
$$\sum_{i=1}^{n}x_i^k\sum_{j=0}^{m}a_jx_i^j=\sum_{i=1}^{n}x_i^ky_i,\quad k=0,1,2,\cdots,m$$

具体地有

$$\begin{cases}na_0+\left(\sum_{i=1}^{n}x_i\right)a_1+\cdots+\left(\sum_{i=1}^{n}x_i^m\right)a_m=\sum_{i=1}^{n}y_i\\ \left(\sum_{i=1}^{n}x_i\right)a_0+\left(\sum_{i=1}^{n}x_i^2\right)a_1+\cdots+\left(\sum_{i=1}^{n}x_i^{m+1}\right)a_m=\sum_{i=1}^{n}x_iy_i\\ \cdots\cdots\\ \left(\sum_{i=1}^{n}x_i^m\right)a_0+\left(\sum_{i=1}^{n}x_i^{m+1}\right)a_1+\cdots+\left(\sum_{i=1}^{n}x_i^{2m}\right)a_m=\sum_{i=1}^{n}x_i^my_i\end{cases}$$

上述方程组是一个关于系数 $a_j(j=0,1,2,\cdots,m)$ 的线性方程组，通常称为正规方程组．可以证明上述方程组有唯一解，因而拟合多项式 $p(x)$ 是存在且唯一的．

综上所述，多项式拟合的一般步骤是：

第一，根据具体问题，确定拟合多项式的次数 m；

第二，由所给数据计算正规方程组的系数，写出正规方程组；

第三，解正规方程组，求出拟合多项式中的系数 $a_j(j=0,1,2,\cdots,m)$；

第四，写出拟合多项式 $p(x)=a_0+a_1x+\cdots+a_mx^m$．

对于一般的曲线拟合，只需要修改拟合函数为 $p(x)=\sum_{j=1}^{m}a_jr_j(x)$，即将多项式拟合函数中的多项式函数 x^j 改为一般函数 $r_j(x)$，其他方法与步骤同上．

下面介绍用 Matlab 软件求解拟合问题，Matlab 作曲线拟合可以通过拟合工具箱和内建函数来解决．

用拟合工具箱解决拟合问题时，在 command window 里面输入数据和 cftool 命令，弹出拟合工具箱窗口，如图 3-1 所示．点击 Data 按钮，则出现图 3-2 所示的 Data 窗口，选择 x 轴、y 轴的数据，右侧会出现散点图，根据散点图判断拟合函数的形式．

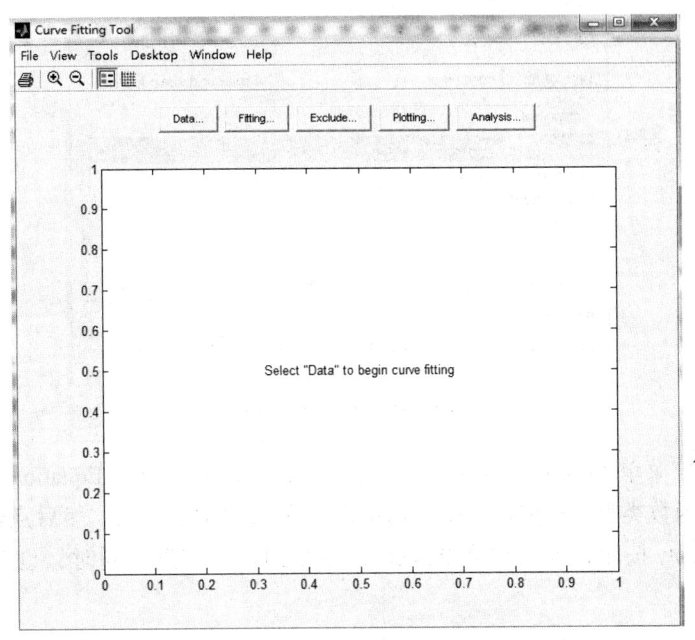

图 3-1　拟合工具箱窗口界面

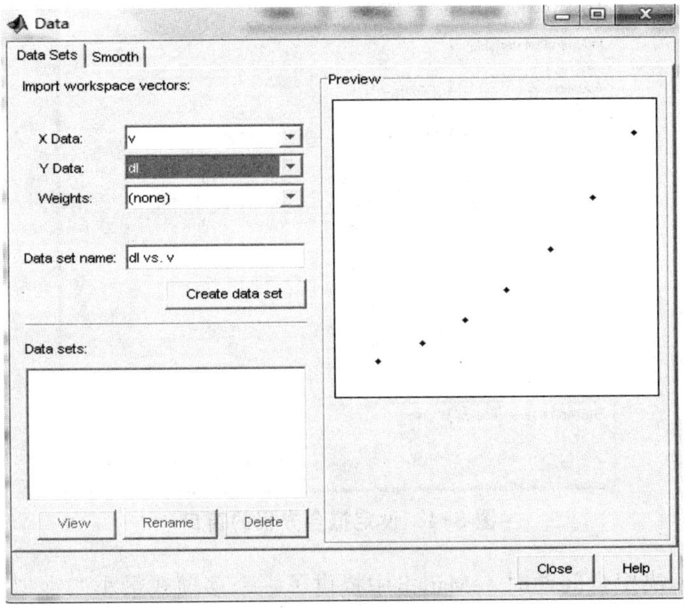

图 3-2　Data 窗口界面

点击 Creat data set，点击 Close 按钮退出 Data 窗口，返回工具箱界面，这时会自动绘出数据的散点图．然后点击图 3-1 中的 Fitting 按钮，出现 Fitting 窗口，点击 new fit 窗口，如图 3-3 所示．

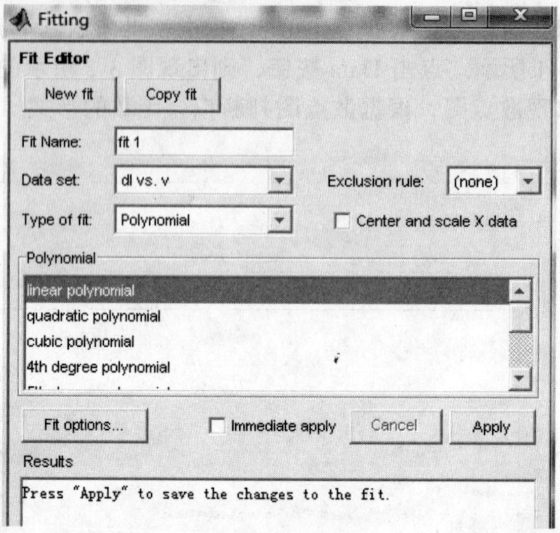

图 3-3　new fit 窗口

然后通过下拉菜单 Type of it 选择拟合曲线的类型，点击 New Equations 标签，出现图 3-4 所示窗口，输入函数类型 $y = p(x)$，设置初值以及参数的上、下限，然后点击 OK . 类型设置完成后，点击 Apply 按钮，就可以在 Results 框中得到拟合信息，同时，也会在工具箱窗口显示拟合曲线.

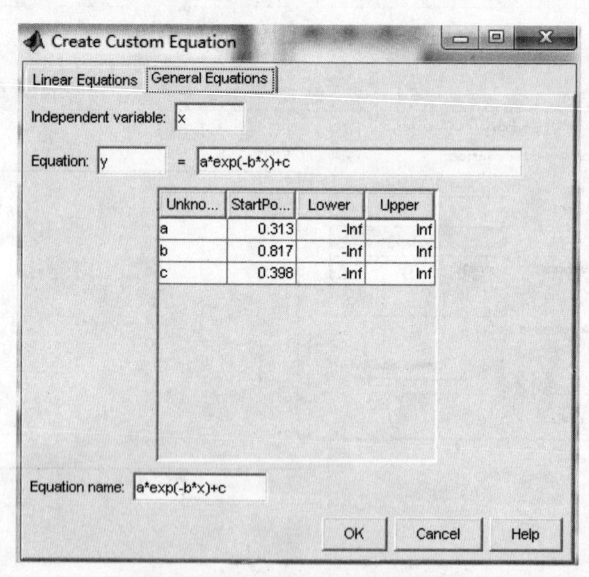

图 3-4　设定拟合方程的窗口

用内建函数解决拟合问题时，Matlab 中提供了一个多项式最小二乘拟合函数 polyfit，它的调用格式为

p = polyfit(x, y, n)

其中 x, y 是所给数据中的横、纵坐标，n 为拟合多项式的次数，返回值 p 是拟合多项式按自变量降幂排列的系数向量.

例 3-1　施氮肥的量与土豆产量的数据如表 3-1 所示，其中 kg，ha 和 t 分别表示千克、公顷和吨．试求氮肥对土豆产量的效应方程．

表 3-1　施肥量与产量数据

施肥量 n (kg/ha)	0	34	67	101	135	202	259	336	404	471
产量 p (t/ha)	15.18	21.36	25.72	32.29	34.03	39.45	43.15	43.46	40.83	30.75

在 command window 窗口中输入以下语句：

```
clear
txn =[0   34   67   101   135   202   259   336   404   471]';
tyn =[15.18   21.36   25.72   32.29   34.03   39.45   43.15   43.46   40.83   30.75]';
[a,s] = polyfit(txn,tyn,2)
```

运行结果为：

$a=[-0.0003\quad 0.1971\quad 14.7416]$

因此，氮肥对土豆的效应的拟合曲线方程是：

$$p=-0.0003n^2+0.1971n+14.7416$$

散点图与拟合曲线对比图如图 3-5 所示．

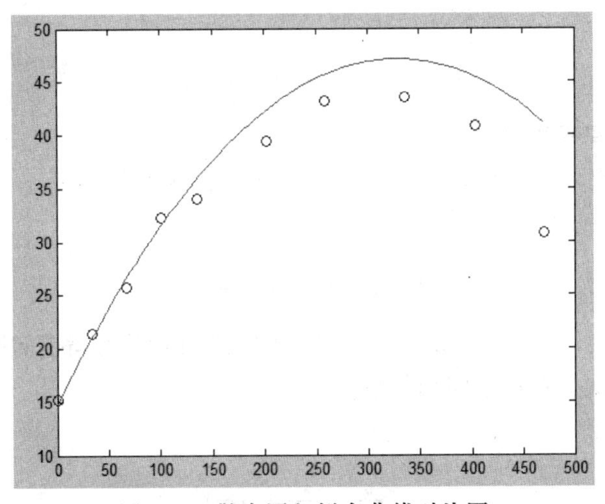

图 3-5　散点图与拟合曲线对比图

实际操作时需要多次拟合不同的次数，通过对比拟合曲线和散点图的接近程度来确定选取的拟合多项式的次数．

二、数据插值

1. 引　入

在实际问题中，常常需要处理由实验或测量所得到的一批离散数据．插值和拟合方法就是要通过这些数据来确定某一类已知函数的参数或寻找某个近似函数，使所得到的近似函数与已知数据的所有数据有较高的拟合精度. 如果要求这个近似函数（曲面或曲线）经过已知的所有数据点，则称此类问题为**插值问题**. 当所给的数据较多时，用插值方法得到的插值函数会很复杂，所以，插值方法一般适用于数据较少的情况.

2. 一般插值方法

1）插值问题的一般提出

已知某函数 $y=f(x)$（未知）的一组观测（或试验）数据 $(x_i,y_i)(i=1,2,\cdots,n)$ ，要寻求一个函数 $\Phi(x)$，使

$$\Phi(x_i)=y_i\ (i=1,2,\cdots,n)$$

则

$$\Phi(x)\approx f(x)$$

具体地讲，实际中，常常在不知道函数 $y=f(x)$ 的具体表达式的情况下，对于 $x=x_i$ 有实验测量值 $y=y_i\ (i=0,1,2,\cdots,n)$，需寻求另一函数 $\Phi(x)$ 使之满足：

$$\Phi(x_i)=y_i=f(x)(i=0,1,2,\cdots,n)$$

称此问题为**插值问题**，并称函数 $\Phi(x)$ 为 $f(x)$ 的**插值函数**，其中 $x_0,x_1,x_2,\cdots,x_n$ 称为**插值节点**，而 $\Phi(x_i)=y_i\ (i=0,1,2,\cdots,n)$ 称为**插值条件**，即：

$$\Phi(x_i)=y_i=f(x)\ (i=0,1,2,\cdots,n)$$

则

$$\Phi(x)\approx f(x)$$

2）拉格朗日 (Lagrange) 插值

设函数 $y=f(x)$ 在 $n+1$ 个相异点 $x_0,x_1,x_2,\cdots,x_n$ 上的函数值为 $y_0,y_1,y_2,\cdots,y_n$，要求一个次数不超过 n 的代数多项式

$$p_n(x)=a_0+a_1x+a_2x^2+\cdots+a_nx^n$$

使在节点 x_i 上有 $p_n(x_i)=y_i\ (i=0,1,2,\cdots,n)$ 成立，称之为 **n 次代数插值问题**，称 $p_n(x)$ 为**插值多项式**. 可以证明，n 次代数插值问题的解是唯一的.

事实上，可以得到

$$p_n(x)=\sum_{j=0}^{n}\left[\prod_{i=0,(i\neq j)}^{n}\left(\frac{x-x_i}{x_j-x_i}\right)\right]y_j$$

当 $n=1$ 时，有两点一次（线性）插值多项式：

$$p_1(x)=\frac{x-x_1}{x_0-x_1}y_0+\frac{x-x_0}{x_1-x_0}y_1$$

当 $n=2$ 时，有三点二次（抛物线）插值多项式：

$$p_2(x)=\frac{(x-x_1)(x-x_2)}{(x_0-x_1)(x_0-x_2)}y_0+\frac{(x-x_0)(x-x_2)}{(x_1-x_0)(x_1-x_2)}y_1+\frac{(x-x_0)(x-x_1)}{(x_2-x_0)(x_2-x_1)}y_2$$

3）三次样条插值

三次样条函数记作 $S(x)(a \leqslant x \leqslant b)$，要求它满足以下条件：

（1）在每个小区间 $[x_{i-1}, x_i]$ $(i=1,\cdots,n)$ 上是三次多项式；

（2）在 $a \leqslant x \leqslant b$ 上二阶导数连续；

（3）$S(x_i)=y_i(i=0,1,\cdots,n)$.

由条件（1），不妨设 $S(x)$ 为：

$$S(x)=\left\{S_i(x), x\in[x_{i-1},x_i]\ (i=1,\cdots,n)\right\}$$

$$S_i(x)=a_i x^3+b_i x^2+c_i x+d_i$$

其中 a_i,b_i,c_i,d_i 为待定系数，共 $4n$ 个．由条件（2）可得：

$$\begin{cases} S_i(x_i)=S_{i+1}(x_i) \\ S_i'(x_i)=S_{i+1}'(x_i)\ (i=1,2,\cdots,n-1) \\ S_i''(x_i)=S_{i+1}''(x_i) \end{cases}$$

上式与条件（3）一起再加上以下三种类型的端点条件作为附加条件，共有 $4n-2$ 个方程．为确定 $S(x)$ 的 $4n$ 个待定参数，还需两个条件．在实际应用中有：

第一类　给定两端点的一阶导数 $S'(x_0),S'(x_n)$.

第二类　给定两端点的二阶导数 $S''(x_0),S''(x_n)$ ，最常用的是所谓的自然边界条件：

$$S''(x_0)=S''(x_n)=0$$

第三类　对于周期函数，其两端点已经满足 $S(x_0)=S(x_n)$ 时，令它们的一阶导数及二阶导数分别相等，即

$$S'(x_0)=S'(x_n),\quad S''(x_0)=S''(x_n)$$

称为周期条件．这样，就构成了 $4n$ 元线性方程组．可以证明，由于有唯一解，$S(x)$ 被唯一确定.

对于三次样条插值，Matlab 中有现成的命令：

```
y = interp1(x0,y0,x,'spline')  %一维插值
```

或者

```
y = spline(x0,y0,x)
```

其中 $x0, y0$ 为节点数组（同长度），x 为插值点数组，y 为插值数组，端点为自然边界条件.

spline 命令也可以处理上述第一类端点条件，只需将输入数组 $y0$ 改为

```
yy0 = [a  y0  b],
```

其中 a, b 分别为 $S'(x_0),S'(x_n)$.

4）分段线性插值

将两个相邻节点用直线连起来，如此形成的一条折线就是分段线性插值函数，记作 $I_n(x)$．它满足 $I_n(x_j)=y_j$ ，且 $I_n(x)$ 在每个小区间 $[x_j,x_{j+1}]$ $(j=0,1,\cdots,n)$ 上是线性函数.

$I_n(x)$ 可以表示为：

$$I_n(x)=\sum_{j=0}^{n} y_j l_j(x)$$

而且 $I_n(x)$ 有良好的收敛性，即对于 $x\in[a,b]$ 时，有 $\lim\limits_{n\to\infty} I(x)=g(x)$.

$$\begin{cases}\dfrac{x-x_{j+1}}{x_j-x_{j+1}}, & x_j\leqslant x\leqslant x_{j+1},\ j=n\text{舍去}\\ 0, & \text{其他}\end{cases}$$

用 $I_n(x)$ 计算 x 点的插值时，只用到 x 左右的两个节点，计算量与节点个数 n 无关. 但 n 越大，分段越多，插值误差越小. Matlab 中有现成的分段线性插值命令：

$y=\text{interp1}(\text{x0},\text{y0},\text{x})$

其中 $x0, y0$ 为节点数组（同长度），x 为插值点数组，y 为插值数组.

5）高维插值

Matlab 还给出了高维插值函数 interpN()，其中 N 可以为 $2,3,\cdots$. 例如，$N=2$ 时，为二维插值，调用格式为

$\text{Zi}=\text{interp2}(\text{x},\text{y},\text{z},\text{xi},\text{yi},\text{'method'})$

其中 x,y,z 为插值节点；Z_i 为被插值点 (xi, yi) 处的插值结果；'method'表示采用的插值方法：'nearest'表示最邻近插值，'linear'表示线性插值，'cubic'表示三次插值. 所有插值方法都要求 x,y 是单调的网格.

3. 例　题

下面介绍国土面积的数值计算.

1）问题的提出

已知欧洲一个国家的地图，为了计算它的国土面积，首先对地图做如下测量：以由西向东方向为 x 轴，由南向北方向为 y 轴，选择方便的原点，并将从最西边界点到最东边界点在 x 轴上的区间适当的分为若干段，在每个分点的 y 方向测出南边界点和北边界点的坐标 y_1 和坐标 y_2，这样就得到了表 3-2 的数据（单位：mm）.

表 3-2　地图测量数据

x	7.0	10.5	13.0	17.5	34.0	40.5	44.5	48.0	56.0
y_1	44	45	47	50	50	38	30	30	34
y_2	44	59	70	72	93	100	110	110	110
x	61.0	68.5	76.5	80.5	91.0	96.0	101.0	104.0	106.5
y_1	36	34	41	45	46	43	37	33	28
y_2	117	118	116	118	118	121	124	121	121
x	111.5	118.0	123.5	136.5	142.0	146.0	150.0	157.0	158.0
y_1	32	65	55	54	52	50	66	66	68
y_2	121	122	116	83	81	82	86	85	68

根据地图的比例我们知道 18 mm 相当于 40 km，试由测量数据计算该国国土的近似面积，并与它的精确值 41 288 km^2 进行比较.

2）模型的假设

（1）假设测量的数据准确，由最西边界点与最东边界点分为上下两条连续的边界曲线，边界内的所有土地均归为该国国土.

（2）假设最西边界点与最东边界点之间，上下边界线按 x 变量值作垂线截取，将国土分为若干小块，设每一小块均为单连通区域，即作垂直于 x 轴的直线穿过该区域，直线与边界曲线最多只有两个交点.

3）用数值积分方法计算国土面积

根据测量的数据利用 Matlab 软件对上、下边界进行三次多项式插值，得到图 3-6.

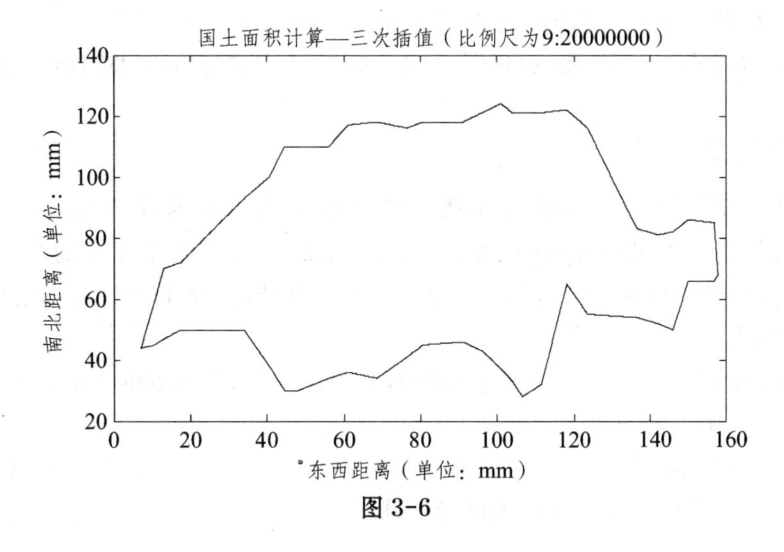

图 3-6

数值积分法的基本思想是将上边界点与下边界点分别利用插值函数求出两条曲线，则由曲线所围成的面积即为国土面积（地图上的国土面积），然后根据比例缩放关系求出国土面积的近似解. 在求国土面积时，利用求平面图形面积的数值积分方法——将该面积分为若干个小长方形，分别求出长方形的面积后相加就是该面积的近似解.

设上边界函数为 $f_1(x)$，下边界函数为 $f_2(x)$，则由定积分定义可知曲线所围成的区域面积为

$$\int_a^b f(x)\mathrm{d}x=\lim_{n\to\infty}\sum_{i=1}^{n}(f_2(\xi_i)-f_1(\xi_i))\Delta x_i$$

式中 $\xi_i\in[x_{i-1},x_i]$.

```
%三次多项式插值及面积计算源程序：
clear,clc
x=[7.0 10.5 13.0 17.5 34.0 40.5 44.5 48.0 56.0 61.0 68.5 76.5 80.5 91.0 96.0 101.0 104.0
106.5 111.5 118.0 123.5 136.5 142.0 146.0 150.0 157.0 158.0];
y1=[44 45 47 50 50 38 30 30 34 36 34 41 45 46 43 37 33 28 32 65 55 54 52 50 66 66 68];
```

```
y2=[44 59 70 72 93 100 110 110 110 117 118 116 118 118 121 124 121 121 121 122 116 83
81 82 86 85 68];
newx=7:0.1:158;
L=length(newx);
newy1=interp1(x,y1,newx,'linear');
newy2=interp1(x,y2,newx,'linear');
Area=sum(newy2-newy1)*0.1/18^2*1600
fill([newx newx(L-1:-1:2)],[newy1 newy2(L-1:-1:2)],'green')
hold on
plot([x,x],[y1,y2],'r*')
xlabel('东西距离(单位:mm)'),ylabel('南北距离(单位:mm)')
title('国土面积计算---三次插值(比例尺为 9:20000000)')
```

采用三次多项式插值计算所得的面积为 42 414 km^2，与其精确值 41 288 km^2 只相差 2.73%.

三、参数估计

数理统计学中，所谓的参数估计就是对总体 X 的分布函数 $F(\chi,\theta_1,\theta_2,\cdots,\theta_k)$ 由样本 $(X_1,X_2,\cdots,X_n)$ 构造一些统计量 $\hat{\theta}_i(X_1,X_2,\cdots,X_n)(i=1,2,\cdots,k)$ 来估计 X 中的参数（或数字特征），这样的统计量称为估计量，这样的方法称为参数估计法. 参数估计法可以分为点估计法和区间估计法两类.

点估计：由样本 $(X_1,X_2,\cdots,X_n)$ 构造函数 $\hat{\theta}_i(X_1,X_2,\cdots,X_n)$ 作为 θ_i 的点估计量，称统计量 $\hat{\theta}_i$ 为参数 $\theta_i(i=1,2,\cdots,k)$ 的点估计量.

区间估计：有样本 $(X_1,X_2,\cdots,X_n)$ 构造两个函数 $\hat{\theta}_{i1}(X_1,X_2,\cdots,X_n)$ 和 $\hat{\theta}_{i2}(X_1,X_2,\cdots,X_n)$，把区间 $(\theta_{i1},\theta_{i2})$ 作为参数 $\theta_i(i=1,2,\cdots,k)$ 的区间估计.

1. 点估计法

1）矩估计法

假设总体 X 的分布中含有 k 个未知数 $\theta_i(i=1,2,\cdots,k)$. 如果它们可以表示为原点矩的函数，则可以用矩估计法，即用样本 $(X_1,X_2,\cdots,X_n)$ 的 $r(1\leqslant r\leqslant k)$ 阶原点矩来估计总体 X 的相应的 r 阶原点矩函数，再将 k 个参数反解出来，从而求出各个参数的估计值，这就是矩估计法.

假设： 设总体 $X\sim N(\mu,\sigma^2)$，其中 μ,σ^2 是未知数，由样本 $(X_1,X_2,\cdots,X_n)$ 来求 μ , σ^2 的估计值.

事实上，由于 $N(\mu,\sigma^2)$ 中含有两个未知数，因此，需要考虑一、二阶原点矩

$$C_1=E(X)=\mu$$

$$C_2=E(X^2)=D(X)+(E(X))^2=\mu^2+\sigma^2$$

于是按矩估计法求解方程组：

$$\begin{cases}\mu=\dfrac{1}{n}\sum\limits_{i=1}^{n}X_i\\ \mu^2+\sigma^2=\sum\limits_{i=1}^{n}X_i^2\end{cases}$$

可得 μ,σ^2 的估计值为

$$\begin{cases}\hat{\mu}=\dfrac{1}{n}\sum\limits_{i=1}^{n}X_i=\bar{X}\\ \hat{\sigma}^2=\dfrac{1}{n}\sum\limits_{i=1}^{n}X_i^2-\bar{X}^2=\dfrac{1}{n}\sum\limits_{i=1}^{n}(X_i-\bar{X})^2=D^2\end{cases}$$

由此可见，总体的均值 $E(X)$ 的矩估计值是样本均值 $\bar{X}$，方差 $D(X)$ 的矩估计值是样本的方差.

实际上，也可以证明：无论总体 X 服从什么分布，只要 X 的均值和方差存在，此结论都是成立的.

2）最大似然估计法

如果已知样本 $(X_1,X_2,\cdots,X_n)$ 的一组观测值为 $(x_1,x_2,\cdots,x_n)$，则可以适当的选取参数 θ_i，$(i=1,2,\cdots,k)$ 的值，使样本取这组观测值的可能性最大（即概率最大）. 即构造似然函数：

$$\begin{aligned}L(\theta_1,\theta_2,\cdots,\theta_k)&=p\{X_1=x_1,X_2=x_2,\cdots,X_n=x_n\}\\&=\prod_{i=1}^{n}p\{X_i=x_i\}=\prod_{i=1}^{n}p(x_i,\theta_1,\theta_2,\cdots,\theta_k)\end{aligned}$$

求使 $L(\theta_1,\theta_2,\cdots,\theta_k)$ 达到最大的参数值，进而得到参数 θ_i 的估计值 $\hat{\theta}_i(i=1,2,\cdots,k)$. 此估计值称为最大似然估计值. 上式中的函数 p 是样本中元素的分布密度.

求最大似然估计问题，就是求似然函数 $L(\theta_1,\theta_2,\cdots,\theta_k)$ 的最大问题，即转化为求解方程组的问题：

$$\frac{\partial L}{\partial\theta_i}=0,\ i=1,2,\cdots,k \quad 或 \quad \frac{\partial\ln L}{\partial\theta_i}=0,i=1,2,\cdots,k$$

现在的问题是如何来评价一个估计量.

3）估计量的评价

一致性： 设 $\hat{\theta}(x_1,x_2,\cdots,x_n)$ 为未知参数 θ 的估计量，若当 $n\to\infty$，$\hat{\theta}$ 依概率收敛于 θ，则称 θ 的估计量 $\hat{\theta}$ 是一致的.

无偏性： 设 $\hat{\theta}$ 为未知参数 θ 的估计量，若 $E(\hat{\theta})=\theta$，则称 $\hat{\theta}$ 为 θ 的无偏估计量.

有效性： 设 $\hat{\theta}_1,\hat{\theta}_2$ 是未知参数 θ 的两个无偏估计量，若 $\dfrac{D(\hat{\theta}_1)}{D(\hat{\theta}_2)}<1$，则称估计量 $\hat{\theta}_1$ 较 $\hat{\theta}_2$ 有效.

2. 区间估计法

参数的点估计只是求参数近似值的一种方法，实际中，不仅需要求出参数的近似值，还

需要大致估计出这个值的精确程度和可信度.

设总体 X 的分布含有未知参数 θ，若对于给定的概率（置信水平）$1-\alpha(0<\alpha<1)$ 和样本 $(x_1,x_2,\cdots,x_n)$，存在两个统计量 $\hat{\theta}_1(x_1,x_2,\cdots,x_n)$ 和 $\hat{\theta}_2(x_1,x_2,\cdots,x_n)$ 使得

$$P\{\hat{\theta}_1<\theta<\hat{\theta}_2\}=1-\alpha$$

则称区间 $(\hat{\theta}_1,\hat{\theta}_2)$ 为参数 θ 在置信水平为 $1-\alpha$ 下的置信区间，$\hat{\theta}_1$ 与 $\hat{\theta}_2$ 分别称为置信下限与置信上限.

1）正态总体期望的置信区间

（1）方差 $D(X)=\sigma^2$ 已知，求 $E(X)$ 的置信区间.

设总体 $X\sim N(\mu,\sigma^2)$，$(X_1,X_2,\cdots,X_n)$ 是 X 的一个样本，因为 $D(X)=\sigma^2$，则

$$\xi=\frac{\bar{X}-E(X)}{\sigma/\sqrt{n}}\sim N(0,1)$$

给定置信水平 $1-\alpha$，根据正态分布的对称性，可以得到

$$P\left\{\bar{X}-z_{1-\alpha/2}\frac{\sigma}{\sqrt{n}}\leqslant E(X)\leqslant\bar{X}+z_{1-\alpha/2}\frac{\sigma}{\sqrt{n}}\right\}=1-\alpha$$

所以 $E(X)$ 在置信水平 $1-\alpha$ 下的置信区间为

$$\left[\bar{X}-z_{1-\alpha/2}\frac{\sigma}{\sqrt{n}},\bar{X}+z_{1-\alpha/2}\frac{\sigma}{\sqrt{n}}\right]$$

（2）方差 $D(X)$ 未知，求 $E(X)$ 的置信区间.

用 $D(X)$ 的估计值（即样本方差）$S^2=\frac{1}{n-1}\sum_{i=1}^{n}\left(x_i-\bar{x}\right)^2$ 代替 $D(X)$，由于

$$\frac{\bar{X}-E(X)}{S/\sqrt{n}}-t(n-1)$$

根据 t 分布的对称性，可以得到

$$P\left\{\bar{X}-t_{1-\alpha/2}\frac{\sigma}{\sqrt{n}}\leqslant E(X)\leqslant\bar{X}+t_{1-\alpha/2}\frac{\sigma}{n}\right\}=1-\alpha$$

所以 $E(X)$ 在置信水平 $1-\alpha$ 下的置信区间为

$$\left[\bar{X}-t_{1-\alpha/2}\frac{\sigma}{\sqrt{n}},\bar{X}+t_{1-\alpha/2}\frac{\sigma}{\sqrt{n}}\right]$$

其中 $t_{1-\alpha/2}$ 为 $t(n-1)$ 的分位数.

2）正态总体方差的区间估计

设总体 $X\sim N(\mu,\sigma^2),(X_1,X_2,\cdots,X_n)$ 是 X 的一个样本，由于

$$\eta=\frac{(n-1)S^2}{\sigma^2}\sim\chi^2(n-1)$$

分别选取 χ^2 分布关于 $\frac{\sigma}{2}$ 和 $1-\frac{\sigma}{2}$ 的分位数 $\chi^2_{\alpha/2}$ 和 $\chi^2_{1-\alpha/2}$，则有

$$P\left\{\frac{(n-1)S^2}{\chi_{1-\alpha/2}^{\ 2}}\leqslant D(X)\leqslant\frac{(n-1)S^2}{\chi^2_{\alpha/2}}\right\}=1-\alpha$$

所以 $D(X)$ 在置信水平 $1-\alpha$ 下的置信区间为

$$\left[\frac{(n-1)S^2}{\chi^2_{1-\alpha/2}},\frac{(n-1)S^2}{\chi^2_{\alpha/2}}\right]$$

即
$$\left[\frac{\sum_{i=1}^{n}(X_i-\bar{X})^2}{\chi^2_{1-\alpha/2}},\frac{\sum_{i=1}^{n}(X_i-\bar{X})^2}{\chi^2_{\alpha/2}}\right]$$

3. 参数估计的 Matlab 实现

Matlab 统计工具箱中，有专门计算总体均值、标准差的点估计和区间估计的函数. 对于正态总体，命令是：

[mu,sigma,muci,sigmaci]=normfit(x,alpha)

其中 x 为样本（数组或矩阵），alpha 为显著性水平 α（alpha 缺省时设定为 0.05），返回总体均值 μ 和标准差 σ 的点估计 mu 和 sigma，以及总体均值 μ 和标准差 σ 的区间估计 muci 和 sigmaci. 当 x 为矩阵时，x 的每一列作为一个样本.

Matlab 统计工具箱中还提供了一些具有特定分布总体的区间估计的命令，如 expfit, poissfit, gamfit，你可以从这些字头猜出它们用于哪个分布，具体用法参见帮助系统.

例 3-2 设 $X_1,X_2,\cdots,X_{50}$ 为来自 $[0,\theta]$ 上服从均匀分布的总体的简单随机样本，容易得到未知参数的矩估计量 $\hat{\theta}_1=2\bar{X}$，最大似然估计量 $\hat{\theta}_2=\max(X_1,X_2,\cdots,X_{50})$，试用随机模拟的方法比较两者的优势.

解 不妨设 $\theta=5$，以下程序给出了两者的评价.

```
s=5;   % s 表示 Theta
N=10000;
msel=0; mse2=0;
for k=1:N
    x=5.*rank(1,50);
    s1=2*mean(x);
    s2=max(x);
    mse1=mse1+(s1-s)^2;
    mse2=mse2+(s2-s)^2;
end
mse1=mse1/N;
mse2=mse2/N;
```

[mse1,mse2]

参考运行结果为：

0.1655　　0.0186

本例中，最大似然估计精度较高. 注意矩估计量是无偏估计，本例中最大似然估计量显然是有偏估计，且一定是偏小的.

第二节　规划类问题

一、多目标规划

线性规划、整数规划都只有一个目标函数，但在实际问题中往往要考虑多个目标，如设计一个新产品的制作工艺，不仅希望利润大，而且希望产量高、消耗低等. 由于需要同时考虑多个目标，故这类多目标问题比单目标问题复杂很多. 另一方面，这系列目标之间，不仅有主次之分，而且有时会互相矛盾，这就给解决多目标问题的传统方法带来了一定的困难.

多目标规划（multiobjective programming，MP）是数学规划的一个分支，它研究至少两个目标函数在给定可行域上的最优化问题.

目标规划（goal programming）是线性规划的一种特殊情况，它能够处理单个主目标与多个目标并存，以及多个主目标与多个次目标并存的问题. 目标规划（goal programming，GP）正是为了解决多目标规划问题而提出的一种方法，它由美国学者查纳斯（A.Charnes）和库伯（W.W.Cooper）于 1961 年首次提出.

1. 多目标规划的概念

线性规划问题是单目标问题，即只考虑一个目标函数的最优化问题，然而，有时要考虑多个（两个以上）目标函数的最优化问题，这就是多目标规划.

1）举例

例 3-3　某厂拟生产 A, B 两种产品，其生产成本分别为 2100 元/t、4800 元/t，利润分别为 3600 元/t、6500 元/t，月最大生产能力分别为 5 t、8 t，月市场总需求量不少于 9 t，问：该厂应如何安排生产，才能在满足市场需求的前提下，既使总生产成本最低，又使总利润最大？

解　设 A, B 两种产品的产量分别为 x_1, x_2，则可建立如下多目标规划模型：

$$\begin{cases} \min\ f_1(x_1,x_2)=2100x_1+4800x_2 \\ \max\ f_2(x_1,x_2)=3600x_1+6500x_2 \\ \text{s.t.}\begin{cases} x_1 \leqslant 5 \\ x_2 \leqslant 8 \\ x_1+x_2 \geqslant 9 \\ x_1,x_2 \geqslant 0 \end{cases} \end{cases}$$

由此，可得多目标规划的一般形式：

$$MP:\begin{cases}\min\ (f_1(x),f_2(x),\cdots,f_p(x))\\ \text{s.t.}\begin{cases}g_i(x)\leqslant 0,\ i=1,2,\cdots,k\\ h_j(x)=0,\ j=1,2,\cdots,l\\ x\geqslant 0\end{cases}\end{cases}$$

其中 $x=(x_1,x_2,\cdots,x_p)^{\mathrm{T}},p\geqslant 2$． MP 的可行域记作 $K(MP)$.

2）特点

多目标规划包括线性多目标规划、非线性多目标规划、整数多目标规划等，本节主要介绍线性多目标规划，其特点如下：

（1）诸目标可能不一致．如下述多目标规划：

$$\begin{cases}\max\ (x_1,x_2)\\ \text{s.t.}\begin{cases}x_1^2+x_2^2\leqslant 1\\ x_1,x_2\geqslant 0\end{cases}\end{cases}$$

对应两个单目标规划：前者的最优解为 $x=\begin{pmatrix}1\\0\end{pmatrix}$，后者的最优解为 $x=\begin{pmatrix}0\\1\end{pmatrix}$.

（2）绝对最优解（absolute optimal solution）．使诸目标函数同时达到最优解的一般情况是不存在的，只有在特殊情形才可能存在．如多目标规划的 p 个单目标规划问题的公共最优解就是多目标规划问题的绝对最优解，但如果这 p 个单目标规划问题没有公共最优解，那么多目标规划问题就没有绝对最优解.

（3）往往无法比较两个可行解的优劣．对于多目标规划而言，给定任意两个可行解，其对应的目标函数值均是一个向量，而两个向量是无法比较大小的，故无法确定两个可行解的优劣．如果存在一个可行解的集合，而且无法确定其里面解的优劣，又找不到比它们更好的解，则称它们为该多目标规划问题的有效解（或者非逆解）.

定义 3-1 设 $x\in K(MP)$，若 $\forall y\in K(MP)$，有

$$\begin{pmatrix}f_1(x)\\f_2(x)\\\vdots\\f_p(x)\end{pmatrix}\leqslant\begin{pmatrix}f_1(y)\\f_2(y)\\\vdots\\f_p(y)\end{pmatrix}$$

则称 x 为 MP 的有效解（valid solution），亦称非劣解（non-inferior solution）或帕累托解（pareto solution）. MP 的全体有效解的集合记为 K_{VS}.

注：多目标规划的有效解相当于单目标规划的最优解．特别地，当诸目标同时达到最优时，有效解即为绝对最优解．目标规划就是在满足现有约束条件下，求出尽可能接近绝对最优解的值.

2. 多目标规划的解法

解多目标规划的方法很多，主要求解思想有：化多为少、分层求解、修正的单纯形法和图形法等．这里只介绍最常用的化多为少的评价函数法.

评价函数法（valuation function method）的主要思想：根据不同要求构造不同形式的评价函数（valuation function）$h(x)$，将多目标规划简化为单目标规划来求解．评价函数法种类

较多，此处主要介绍理想点法和线性加权和法.

1）理想点法

先求解 p 个单目标规划 $\min\limits_{x\in K(MP)} f_i(x)$，设其最优值为 $f_i^*(i=1,2,\cdots,p)$，得理想点 $(f_1^*,f_2^*,\cdots,f_p^*)$. 构造评价函数 $h(x)=\sqrt{\sum\limits_{i=1}^{p}(f_i-f_i^*)^2}$，求解单目标规划 $\min\limits_{x\in K(MP)} h(x)$，将其最优解作为 MP 的有效解.

为方便计算，可将评价函数简化为 $h(x)=\sum\limits_{i=1}^{p}(f_i-f_i^*)$.

命题 3-1 单目标规划 $\min\limits_{x\in K(MP)} h(x)$ 的最优解即为 MP 的有效解. 当然，亦可取 $h(x)=\sqrt[k]{\sum\limits_{i=1}^{p}(f_i-f_i^*)^k}\,(k\geqslant 2)$ 为更一般的评价函数.

2）线性加权和法

先对 p 个目标函数根据其重要程度给出一组权系数 $\lambda_1,\lambda_2,\cdots,\lambda_p$ $\left(\lambda_i\geqslant 0, i=1,2,\cdots,p,\sum\limits_{i=1}^{p}\lambda_i=1\right)$，构造评价函数 $h(x)=\sum\limits_{i=1}^{p}\lambda_i f_i(x)$，再求解单目标规划 $\min\limits_{x\in K(MP)} h(x)$，将其最优解作为 MP 的有效解.

命题 3-2 当 $\lambda_1,\lambda_2,\cdots,\lambda_p>0$ 时，单目标规划 $\min\limits_{x\in K(MP)} h(x)$ 的最优解即为 MP 的有效解.

二、二次规划

若非线性规划的目标函数是二次函数，其约束条件也都是线性的二次规划在很多方面都有应用，如投资组合、约束最小二乘问题的求解以及序列二次规划在非线性优化问题中的应用等. 在过去的几十年里，二次规划已经成为运筹学、经济数学、管理科学、系统分析和组合优化科学的基本方法. 二次规划的算法有 Lagrange 方法、Lemke 算法等.

在 Matlab 中二次规划的数学模型为：

$$\min \frac{1}{2}x^{\mathrm{T}}Hx+f^{\mathrm{T}}x$$

约束条件为：

$$Ax\leqslant b$$

其中 f, b 是列向量；A 是相应维数的矩阵；H 是实对称矩阵（如果 n 阶矩阵 A 的每一个元素都是实数，且满足 $a_{ij}=a_{ji}$，即转置矩阵为其本身，则称 A 为实对称矩阵）.

例 3-4 求解二次规划:

$$\min f(x)=2x_1^2-4x_1x_2+4x_2^2-6x_1-3x_2$$

约束条件：

$$\begin{cases} x_1 + x_2 \leqslant 3 \\ 4x_1 + x_2 \leqslant 9 \\ x_1, x_2 \geqslant 0 \end{cases}$$

解　在 Matlab 中编写如下程序：

```
h =[4,-4;-4,8];
f =[-6;-3];
a =[1,1;4,1];
b =[3;9];
[x,value] = quadprog(h,f,a,b[ ],[ ],zeros(2,1))
```

求得：

$$x = \begin{pmatrix} 1.9500 \\ 1.0500 \end{pmatrix}$$

$$\min f(x) = -11.0250$$

例 3-5　某地要新建一个水力发电站，假设完工以后会出现电力、水力及环保 3 个主要收益部门，这 3 个收益部门的替代投资方案费用分别为 12 187 万元、10 078 万元、6575 万元，各部门的可分投资分别为 9 887 万元、5 450 万元、2 289 万元（见表 3-3）. 该工程的投资额的具体分配如下表所示，那么如何进行分配才能使得各个部门都觉得合理并满意？

表 3-3　投资部门的投资划分

相关投资部门	电力部门	水力部门	环保部门
可分投资（万元）	9 887	5 450	2 289
替代投资（万元）	12 187	10 078	6 575
总投资金额（万元）	19 926		

模型建立：

将各个部门的投资额作为分配向量 $u = (2289, 5450, 9887)$，即电力部门的可分投资为 9887 万元，水力部门的可分投资为 5450 万元，环保部门的可分投资为 2289 万元下.

建立二次规划方程：

$$\min Z = (x_1 - 9887)^2 + (x_2 - 5450)^2 + (x_3 - 2289)^2$$

$$\text{约束条件：} \begin{cases} x_1 + x_2 + x_3 = 19\,926 \\ x_1 + x_2 \leqslant 17\,637 \\ x_2 + x_3 \leqslant 12\,367 \\ x_1 + x_3 \leqslant 14\,476 \\ 0 \leqslant x_1 \leqslant 12\,187 \\ 0 \leqslant x_2 \leqslant 10\,078 \\ 0 \leqslant x_3 \leqslant 6575 \end{cases}$$

其中 x_1, x_2, x_3 分别代表电力部门、水力部门、环保部门的分摊投资.

模型求解：

用 Matlab 对模型进行求解，在 Matlab 中编写如下程序：

（i）编写 M 文件 fun1.m 定义目标函数.

```
function f=fun1(x);
f=(x(1)-9887)^2+(x(2)-5450)^2+(x(3)-2289)^2;
```

（ii）编写 M 文件 fun2.m 定义非线性约束条件.

```
function [g,m,h]=fun2(x);
g=17637-x(1)-x(2);
h=12367-x(2)-x(3);
m=14476-x(1)-x(3);
0<=x(1)<=12187
0<=x(2)<=10087
0<=x(3)<=6575
```

（iii）编写主程序文件 example2.m 如下：

```
options=optimset('largescale','off');
[x,y]=fmincon('fun1',rand(3,1),[],[],[],[],zeros(3,1),[],… 'fun2',options)
```

求得：

$x_1 = 10653.67$, $x_2 = 6216.667$, $x_3 = 3055.667$

三、线性规划

求解线性规划问题有以下三个步骤：

（1）列出约束条件及目标函数.

（2）画出约束条件所表示的可行域.

（3）在可行域内求目标函数的最优解及最优值.

线性规划标准型：描述线性规划问题的常用和最直观形式是标准型.

标准型包括以下三个部分：

一个需要极大化的线性函数：

$$c_1x_1 + c_2x_2$$

以下形式的问题约束：

$$\begin{cases} a_{11}x_1 + a_{12}x_2 \leqslant b_1 \\ a_{21}x_1 + a_{22}x_2 \leqslant b_2 \\ a_{31}x_1 + a_{32}x_2 \leqslant b_3 \end{cases}$$

和非负变量：

$$\begin{cases} x_1 \geqslant 0 \\ x_2 \geqslant 0 \end{cases}$$

其他类型的问题，例如极小化问题、不同形式的约束问题和有负变量的问题，都可以改写成其等价问题的标准型.

模型的建立：

对实际问题建立数学模型一般有以下三个步骤：

（1）根据所要达到目的的影响因素找到决策变量.

（2）由决策变量和所达目的之间的函数关系确定目标函数.

（3）由决策变量所受的限制条件确定决策变量所要满足的约束条件.

所建立的数学模型具有以下三个特点：

（1）每个模型都有若干个决策变量 $(x_1,x_2,x_3,\cdots,x_n)$，其中 n 为决策变量个数. 决策变量的一组值表示一种方案，决策变量一般是非负的.

（2）目标函数是决策变量的线性函数，根据具体问题，它可以是最大化（max），也可以是最小化（min），通常将二者统称为最优化（opt）.

（3）约束条件也是决策变量的线性函数.

当我们得到的数学模型的目标函数为线性函数，约束条件为线性等式或不等式时，称此数学模型为线性规划模型.

例 3-6　生产安排模型：

某工厂要安排生产Ⅰ、Ⅱ两种产品，已知生产单位产品所需的设备台时及 A,B 两种原材料消耗、资源限制，如表 3-4 所示.

表 3-4　原材料消耗和资源限制数据

	产品Ⅰ	产品Ⅱ	资源限制
设备	1 台时	2 台时	8 台时
原材料 A	4 kg	0 kg	16 kg
原材料 B	0 kg	4 kg	12 kg
单位产品获利	2 元	3 元	

表中右边一列是每日设备能力及原材料供应的限量，该工厂生产一单位产品Ⅰ可获利 2 元，生产一单位产品Ⅱ可获利 3 元，问应如何安排生产，可使其获利最多？

解：（1）确定决策变量：设 x_1,x_2 分别为产品Ⅰ、Ⅱ的生产数量.

（2）明确目标函数：获利最大，即求 $2x_1+3x_2$ 的最大值.

（3）所满足的约束条件：

设备限制：$x_1+2x_2\leqslant 8$；

原材料 A 的限制：$4x_1\leqslant 16$，

原材料 B 的限制：$4x_2\leqslant 12$；

基本要求：$x_1,x_2\geqslant 0$ 用 max 代替最大值，s.t.（subjectto 的简写）代替约束条件，则该模型可记为：

$$\max z=2x_1+3x_2$$

$$\text{s.t.}\begin{cases}x_1+2x_2\leqslant 8\\4x_1\leqslant 16\\4x_2\leqslant 12\\x_1,x_2\geqslant 0\end{cases}$$

模型的求解：

求解线性规划问题的基本方法是单纯形法．现在已有了单纯形法的标准软件，可以在电子计算机上求解约束条件和决策变量数达 10 000 个以上的线性规划问题．为了提高解题速度，人们又研发了改进单纯形法、对偶单纯形法、原始对偶方法、分解算法和各种多项式时间算法．对于只有两个变量的简单的线性规划问题，可采用图解法求解．注意：**这种方法仅适用于只有两个变量的线性规划问题**．它的特点是直观且易于理解，但实用价值不大．通过图解法求解可以理解线性规划的一些基本概念．

对于一般线性规划问题Ⅰ：

$$\min z = CX$$
$$\text{s.t.}\begin{cases} AX = b \\ X \geqslant 0 \end{cases}$$

其中 A 为一个 $m\times n$ 矩阵．若 A 行满秩则可以找到基矩阵 B，并寻找初始基解．

用 N 表示对应于 B 的非基矩阵，则规划问题Ⅰ可化为规划问题Ⅱ：

$$\min z = CBXB + CNXN$$
$$\text{s.t.}\begin{cases} BXB + NXN = b & (1) \\ XB \geqslant 0, XN \geqslant 0 & (2) \end{cases}$$

（1）两边同乘以 B^{-1} 得

$$XB = B^{-1}(b - NXN)$$

将上式代入目标函数，问题可以继续转化规划问题Ⅲ：

$$\min z = CBB^{-1}b + (CN - CBB - N)XN$$
$$\text{s.t.}\begin{cases} XB + B^{-1}NXN = B^{-1}b & (1) \\ XB \geqslant 0, XN \geqslant 0 & (2) \end{cases}$$

令 $N = B^{-1}N,\ b = B^{-1}b,\ \zeta = CBB^{-1}b,\ \sigma = CN - CBB^{-1}N$，则上述规划问题Ⅲ化为规划问题Ⅳ：

$$\min z = \zeta + \sigma XN$$
$$\text{s.t.}\begin{cases} XB + NXN = b & (1) \\ XB \geqslant 0, XN \geqslant 0 & (2) \end{cases}$$

在上述变换中，若能找到规划问题Ⅳ，使得 $b\geqslant 0$，称该形式为初始基解形式．

上述变换相当于对整个扩展矩阵（包含 C 及 A）乘以增广矩阵，所以重在选择 B，从而找出对应的初始基解：

若存在初始基解：

若 $\sigma \geqslant 0$，则 $z \geqslant \zeta$．同时，令 $XN = 0,\ XB = b$，这是一个可行解，且此时 $z = \zeta$，即达到最优值．所以，此时可以得到最优解．

若 $\sigma \geqslant 0$ 不成立，可以采用单纯形表进行变换． σ 中存在分量 <0．这些负分量对应的决策变量编号中，最小的为 j，N 中与 j 对应的列向量为 P_j．

若 $P_j \leqslant 0$ 不成立，则 P_j 中至少存在一个分量 $a_{i,j}$ 为正．在规划问题Ⅳ的约束条件 $XB +$

$NXN=b$ 的两边乘以矩阵 T，则变换后，决策变量 x_j 成为基变量，替换掉原来的那个基变量．为使得 $Tb\geqslant 0$，且 $TP_j=e_i$（其中 e_i 表示第 i 个单位向量），需要：

$la_{i,j}>0$．

$l\beta q+\beta_i*(-aq_j/a_{i,j})>=0$，其中 $q\neq i$．即 $\beta q>=\beta_i/a_{i,j}*aq_j$．

若 $aq_j\leqslant 0$，上式一定成立．

若 $aq_j>0$，则需要 $\beta q/aq_j>=\beta_i/a_{i,j}$．因此，要选择 i 使得 $\beta_i/a_{i,j}$ 最小．

如果这种方法确定了多个下标，选择下标最小的一个．

转换后得到规划问题Ⅳ的形式，继续对 σ 进行判断．由于其基解是有限个，因此，一定可以在有限步跳出该循环．

若对于每一个 $i,a_{i,j}\leqslant 0$，则最优值无解．

若不能寻找到初始基解，则无解．

若 A 不是行满秩，化简直到 A 行满秩再求解，

新建 M 文件：

```
f = -(2*x1+3*x2)
A = [1 2;4 0;0 4]
b = [8 16 12]
lb = [0 0]
ub = [8 8]
x=linprog(f,A,b,lb,ub)
```

调用格式为：

```
x=linprog(f,A,b)
x=linprog(f,A,b,Aeq,beq)
x=linprog(f,A,b,Aeq,beq,lb,ub)
x=linprog(f,A,b,Aeq,beq,lb,ub,x0)
x=linprog(f,A,b,Aeq,beq,lb,ub,x0,options)
[x,fval]=linprog(…)
[x,fval,exitflag]=linprog(…)
[x,fval,exitflag,output]=linprog(…)
[x,fval,exitflag,output,lambda]=linprog(…)
```

说明：x=linprog(f, A, b)返回值 x 为最优解向量，x=linprog(f, A, b, Aeq, beq)作有等式约束的问题．若没有不等式约束，则令 A=[ ]，b=[ ]，x=linprog(f, A, b, Aeq, beq, lb, ub, x0, options)中 lb, ub 为变量 x 的下界和上界，x0 为初值点，options 为指定优化参数．

四、整数规划

规划中的变量部分或全部限制为整数时称为整数规划．全部限制为整数时称为纯整数规划，部分限制为整数时称为混整数规划．通常意义下的整数规划是整数线性规划，也就是线性规划模型中，变量限制为整数，因此又称为整数线性规划．

线性规划是研究在线性条件下线性目标函数的最优解问题．

在经济管理中，当大量问题抽象为模型时，许多量具有不可分割性，因此当这些量作为变量引入规划中时，常需要满足取整条件．例如，计划生产中生产多少台机器，人力资源管理中招聘多少员工，运输问题中从一个港口到另一个港口的集装箱调运数量，等等；此外，运作管理中的决策问题：工厂选址、人员的指派、设备的设置和配置，等等．在整数规划中往往要引入逻辑变量（即变量仅取 0 或 1 两个值）来反映冲突因素和抉择问题．

假设整数规划问题 A，其相应的线性规划问题为 B，B 有最优解，当自变量限制为整数后得到问题 A，A 的解会出现下述情况：

（1）B 的最优解全是整数，则 A 的最优解和 B 的最优解一致；

（2）A 无可行解；

（3）A 有可行解，但是最优解值变差．

解题步骤如下：

（1）根据影响所要达到目的的影响因素找到决策变量；

（2）由决策变量和所达目的之间的关系确定目标函数；

（3）由决策变量所受的条件确定决策变量所要满足的约束条件；

（4）对 A 进行求解，其求解方法分为以下几类：

① **分支定界法**——可求纯整数线性规划或混合整数线性规划．

首先不考虑取整的约束，求出 B 的可行域，去掉不存在整数解的可行域部分，再去掉不存在最优解的可行域部分，不断缩小可行域，最终找到整数的最优解．

② **隐枚举法**——求解“0-1”整数规划．

首先将模型转化为求极小的问题；其次作变量代换，即极小问题模型的目标函数中所有变量系数为负的 0-1 变量的所有变量系数通过变量代换转化为正数．然后将目标函数中的变量按系数大小排列，约束条件也作相应的调整．接着按目标函数值由大到小的顺序排列可能解，并予以可行性检验，最后找出最优解．

③ **匈牙利算法**——解决指派问题（“0-1”整数规划的特殊情形）．

定理 1：如果从一个效率矩阵的任意一行或列减去或加上一个常数，所得的新的效率矩阵对应的解不变．

定理 2：当效率矩阵中的 0 的个数等于矩阵阶数时，可得最优解．

具体解法：利用定理 1 将原效率矩阵化为与之等价的仅含 0 和正数的新效率矩阵，如果 0 元素不断增加的过程持续下去，当达到某个效率矩阵时，矩阵中的 0 元素最终会使最优的工作安排变得简单．

例 3-7：0-1 规划．

某市为方便小学生上学，计划在新建的 8 个小区 $A_1, A_2, \cdots, A_8$ 增设若干所小学，经过讨论有 6 个校址 $B_1, B_2, \cdots, B_6$ 可供选择（见表 3-5），它们能覆盖的小区分别为：

表 3-5　备选校址及覆盖小区统计

备选校址	B_1	B_2	B_3	B_4	B_5	B_6
覆盖小区	A_1, A_5, A_7	A_1, A_2, A_5, A_8	A_1, A_3, A_5	A_2, A_4, A_8	A_3, A_6	A_4, A_6, A_8

试确定最少的建校个数，但要覆盖所有的小区．

建立模型：

在各校址处都有建校和不建校两种选择：

$x_1=1$在备选校址B_1建校；

$x_1=0$在备选校址B_1不建校，

由于小区A_1可以被B_1, B_2, B_3处的学校覆盖，其约束条件为$x_1+x_2+x_3\geqslant 1$．类似写出其他约束条件，建立如下模型：

$$\min{}_{j-1}^{6} x_i$$

$$\text{s.t.}\begin{cases} x_1+x_2+x_3\geqslant 1 \\ x_2+x_4\geqslant 1 \\ x_3+x_5\geqslant 1 \\ x_4+x_6\geqslant 1 \\ x_5+x_6\geqslant 1 \\ x_1\geqslant 1 \\ x_2+x_4+x_6\geqslant 1 \end{cases}$$

Lingo 程序：

```
model：
sets：             !设置集合中的元素；
var/1...6/：x；!表示 x 的下标 i 的取值；
end sets
min=@sum(var:x);
x(1)+x(2)+x(3)>1;
x(2)+x(4)>1;
x(3)+x(5)>1;
x(1)+x(6)>1;
x(5)+x(6)>1;
x(1)>1;
x(2)+x(4)+x(6)>1;
end
```

五、回溯搜索算法

实际生活中，有很多问题是没有有效算法的，如货郎担问题．用一般方法解这种问题，即使对于中等大小的实例，所需时间也是以世纪来衡量的，比如穷举法．之所以这样，是因为它要在所有可能的状态之中找出一种最优的状态．这也迫使人们寻求另一种方法：丢弃一部分状态，只在部分状态之中寻求问题的解，从而降低算法的时间复杂度．回溯法就是基于这种思想提出的．

1．回溯法的思想方法

回溯算法也称试探法，是基于对问题实例进行自学习，有组织地检查和处理问题实例的解空间，并在此基础上对解空间进行归约和修剪的一种方法. 这是回溯算法的一个重要特性. 对解空间很大的一类问题，这种方法特别有效.

回溯算法的基本思想是：从一条路往前走，能进则进，不能进则退回来，换一条路再试. 回溯在迷宫搜索中很常见，就是这条路走不通，然后返回前一个路口，继续下一条路. 回溯算法说白了就是穷举法. 不过回溯算法使用剪枝函数，剪去一些不可能到达最终状态（即答案状态）的节点，从而减少状态空间树节点的生成. 回溯法是一个既带有系统性又带有跳跃性的搜索算法，它在包含问题的所有解的解空间树中，按照深度优先的策略，从根结点出发搜索解空间树. 算法搜索至解空间树的任一结点时，总是先判断该结点是否肯定不包含问题的解. 如果肯定不包含，那么跳过对以该结点为根的子树的系统搜索，逐层向其祖先结点回溯；否则，进入该子树，继续按深度优先的策略进行搜索. 回溯法在用来求问题的所有解时，要回溯到根，且根结点的所有子树都已被搜索遍才结束. 而回溯法在用来求问题的任一解时，只要搜索到问题的一个解就可以结束. 这种以深度优先的方式系统地搜索问题的解的算法称为回溯法，它适用于解一些组合数较大的问题.

2. 回溯算法解决问题的步骤

（1）定义一个解空间，它包含问题的解.

（2）利用适于搜索的方法组织解空间.

（3）利用深度优先法搜索解空间.

（4）利用限界函数可以避免移动到不可能产生解的子空间.

3. 回溯算法的特点

（1）搜索策略：符合递归算法，问题解决可以化为子问题，其子问题算法与原问题相同，只是数据增大或减少.

（2）控制策略：为了避免不必要的穷举搜索，对在搜索过程中所遇到的失败，要采取从失败节点返回到上一点进行重新搜索，以求得新的求解路径.

（3）数据结构：用数组保存搜索过程中的状态、路径.

4. 实　例

1）N 皇后问题

N 皇后问题就是回溯算法的典型案例：第一步，按照顺序放一个皇后；第二步，若有符合要求的位置就放第二个皇后，如果没有位置符合要求，就要改变第一个皇后的位置，重新寻找第二个皇后的位置，直到找到符合条件的位置.

【问题描述】

八皇后问题是一个以国际象棋为背景的问题：如何能够在 8×8 的国际象棋棋盘上放置八个皇后，使得任何一个皇后都无法直接吃掉其他的皇后？为了达到此目的，任何两个皇后都不能处于同一条横行、纵行或斜线上，放置结果如图 3-7 所示.

图 3-7　八皇后问题放置结果

转化规则：

其实八皇后问题可以推广为更一般的 n 皇后摆放问题：这

时棋盘的大小变为 $n \times n$，而皇后个数也变成 n. 当且仅当 $n=1$ 或 $n \geqslant 4$ 时问题有解.

令一个一位数组 a[n]保存所得解，其中 a[i]表示把第 i 个皇后放在第 i 行的列数（注意 i 的值都是从 0 开始计算的），八皇后问题规则和回溯法模型求解算法探讨如下：

（1）因为所有的皇后都不能放在同一行或同一列上，因此数组中不能有相同的两个值.

（2）由于所有的皇后都不能在对角线上，那么该如何检测两个皇后是否在同一条对角线上？我们将棋盘的方格写成一个二维数组，如图 3-8 所示. 假设有两个皇后被放置在(i, j)和(k, l)的位置上，很明显，当且仅当 $|i-k|=|j-1|$ 时，两个皇后才在同一条对角线上.

图 3-8　棋盘方格

算法原型：

上面我们搞清楚了解决八皇后问题之前需要处理的两个规则，并将规则转化到了数学模型上的问题，现在开始着手讨论如何设计八皇后的解决算法问题. 最常用的方法就是回溯法.

很明显，回溯法的思想是：假设某一行处于当前状态，不断检查该行所有的位置是否能放一个皇后，检索的状态有两种：

（1）先从首位开始检查，如果不能放置，接着检查该行第二个位置；依此次检查下去，直到在该行找到一个可以放置一个皇后的地方，然后保存当前状态，再转到下一行重复上述方法的检索.

（2）如果检查完该行所有的位置均不能放置一个皇后，说明上一行皇后放置的位置无法让所有的皇后都找到适合自己的位置，此时就要回溯到上一行，重新检查该皇后位置后面的位置.

2）中国象棋马行线问题

中国象棋的半张棋盘如图 3-9（a）所示，马自左下角往右上角跳. 现规定马只许往右跳，不许往左跳如力 3-9（b）所示. 比如：图 3-9（a）所示为一种马跳行路线，并将所经路线打印出来. 打印格式为：0，0→2，1→3，3→1，4→3，5→2，7→4，8…

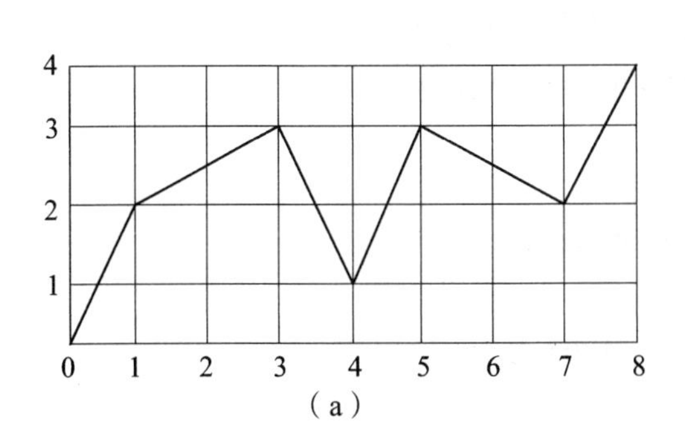

（a）

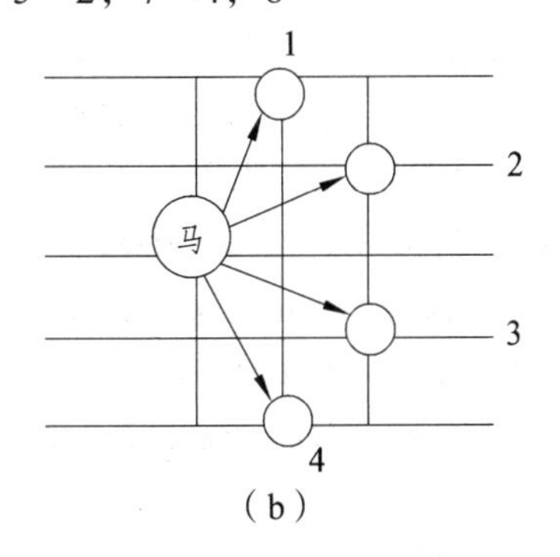

（b）

图 3-9　中国象棋

算法分析：

如图 3-9（b），马最多有四个方向，若原来的横坐标为 j、纵坐标为 i，则四个方向的移动可表示为：

1：$(i, j)\to(i+2, j+1)$；$(i<3, j<8)$

2：$(i, j)\to(i+1, j+2)$；$(i<4, j<7)$

3：$(i, j)\to(i-1, j+2)$；$(i>0, j<7)$

4：$(i, j)\to(i-2, j+1)$；$(i>1, j<8)$

搜索策略：

S1：A[1]：=(0，0)；

S2：从 A[1]出发，按移动规则依次选定某个方向，如果达到的是(4, 8)则转向 S3，否则继续搜索下一个到达的顶点；

S3：打印路径.

3）迷宫问题

【问题描述】

有一迷宫，可用一个 N 行 N 列的 0～1 矩阵表示，其中 0 表示无障碍（白色），1 表示有障碍（黑色）. 设入口位置的坐标为(2, 1)，出口为(N, N)，规定每次移动中只能从一个无障碍的单元移到其周围四个方向上任一无障碍的单元. 试编程给出通过迷宫的一条路径或报告一个“无法通过”的信息.

问题分析：

要寻找一条通过迷宫的路径，通常用深度优先搜索. 当在迷宫入口，先确定某个前进走向，依次一一试探，如某一走向有路可走，就前进一步，继续向前试探；如果无路可走，那么退回一步，重新选择未走过的方向再去试探可前进的路. 进进退退，再进进再退退，按此规则不断搜索，直至搜索到出口，闯迷宫成功. 如最后退回入口，说明此迷宫是个死胡同.

在搜索迷宫时，为了不迷失方向和不走重复的路，搜索时必须在前进与回退的路上设置一些标记，这样，就可以判断哪条路是已经走过的，哪条路是死胡同，哪条路还没有走过. 根据这些标记，就能正确地找到通向出口的路，回溯时也能正确地找到应返回的位置，避免重新进入死胡同.

```
function [maze, proc, ok] = maze_gen3（m, n, bigstep, entrance1, entrance2）
%maze_gen3 随机生成迷宫通路特点：快速、复杂程度间接可控，后续可添加干扰性通路
%[maze,proc,ok] = maze_gen3(m,n,entrance1,entrance2,bigstep)
%算法：深度优先搜索 depth-first search
% m,n: dimension of the maze
% entrance1,entrance2: entrance and exit point of the maze
% clear;clc;rand('seed',1);
%m = 100;n = 100;entrance1 = [2,1];entrance2 = [m-1,n];bigstep = 5;
if nargin < 1
    m = 100;
end
if nargin < 2
    n = m;
```

```
end
if nargin < 3
    bigstep = round(0.2*min(m,n));
end
if nargin <4
    entrance1 = [2,1];entrance2 = [m-1,n];
end
maze = 2*ones(m,n);
maze(2:m-1,2:n-1)= 1;
en1 = entrance1(1)+(entrance1(2)-1)*m;
en2 = entrance2(1)+(entrance2(2)-1)*m;
en3 = entrance2(1)+(entrance2(2)-2)*m;
maze(en1)= 0; %设置入口
if entrance1(1)==1 | entrance1(1)==m
    d1 = 2;r1 = [1 min(m-2,bigstep)];
else
    d1 = 1;r1 = [1 min(n-2,bigstep)];
end
seq{1} = randperm(r1(2)-r1(1)+1); %%%随机打乱一个数字序列
proc = [en1,d1,r1,1];N = 1;
delta = [m,1];neigh = [-1, 1-m, m];
while proc(N)~= en3
    if proc(N,5)>proc(N,4)-proc(N,3)
        %当前节点各个可能步长均已检测，不可行，退回至前驱节点
        %撤销对 maze 的修改，转向下一个备选步长
        N = N-1;
        if N == 0 %无解，返回，理论上不应该出现这样的情形，以防万一而已
            maze = [];ok = 0;
            return;
        end

        %%% seq{}为 cell 数组

        head = min(proc(N,1),proc(N,1)+(proc(N,3)+seq{N}(proc(N,5))-1)*delta(proc(N,2)));
        tail = max(proc(N,1),proc(N,1)+(proc(N,3)+seq{N}(proc(N,5))-1)*delta(proc(N,2)));
        maze(head:delta(proc(N,2)):tail)= 1;%maze(proc(N,1))= 0;
        proc(N,5)= proc(N,5)+1;
    else %当前节点有未探测的步长，依此步长确定后继节点，修改 maze
        head = min(proc(N,1),proc(N,1)+(proc(N,3)+seq{N}(proc(N,5))-1)*delta(proc(N,2)));
```

```
tail = max(proc(N,1),proc(N,1)+(proc(N,3)+seq{N}(proc(N,5))-1)*delta(proc(N,2)));
if tail == head
        proc(N,5)= proc(N,5)+ 1;continue;
end
maze(head:delta(proc(N,2)):tail)= 0;
if tail==en3   %到达出口，路径构建成功，返回
    N = N+1;
    proc(N,:)= [tail,3-d1,0,0,1];
    proc(N+1,:)= [en2,d1,0,0,1];
    maze(en2)= 0;
    ok = 1;
    close all;
    clf;
    image(50*maze);
    return;
end
%确定该后继点在垂直方向上可能的步长范围，并建立一个随机的访问次序
d1 = 3-proc(N, 2); %后继点处的运动方向
%后继点处可能的运动范围
r1 = [-1 1];
if maze(tail+r1(1)*delta(d1))==1
    ∑(maze(tail+r1(1)*delta(d1)+neigh)>=1)==3
    r1(1)= r1(1)-1;
end
if maze(tail+r1(2)*delta(d1))==1
    ∑(maze(tail+r1(2)*delta(d1)+neigh)>=1)==3
    r1(2)= r1(2)+1;
end
while maze(tail+r1(1)*delta(d1))==1
    & all(maze(tail+r1(1)*delta(d1)+neigh)>=1)
    r1(1)= r1(1)-1;
end
while maze(tail+r1(2)*delta(d1))==1
    & all(maze(tail+r1(2)*delta(d1)+neigh)>=1)
    r1(2)= r1(2)+1;
end
r1 = r1 + [1 -1];
r1(1)= max(r1(1),-bigstep);r1(2)= min(r1(2),bigstep);
if all（r1==0）%所选后继点不能向与当前方向垂直方向开路，另选后继点，撤
```

```
        销对 maze 的修改
                proc(N,5)= proc(N,5)+1;
                if  r1(1)+proc(N,5)==0
                    proc(N,5)=proc(N,5)+1;
                end
                maze(head:delta(proc(N,2)):tail)= 1;maze(proc(N,1))= 0;
            else %进行深度搜索
                N = N+1;
                proc(N,:)=[proc(N-1)+(proc(N-1,3)+seq{N-1}(proc(N-1,5))-1)*delta(proc(N-1,
2)), 3-proc(N-1,2),r1,1];
                    if r1(1)+proc(N,5)==0
                        proc(N,5)=proc(N,5)+1;
                    end
                    seq{N} = randperm(r1(2)-r1(1)+1);
                end
            end
        end
    image(50*maze);
```

六、动态规划

动态规划（dynamic programming）是运筹学的一个分支，是求解多阶段决策问题的最优化方法. 20 世纪 50 年代初，R.E.Bellman 等人在研究多阶段决策过程（multistep decision process）的优化问题时，提出了著名的最优性原理（principle of optimality），即把多阶段过程转化为一系列单阶段问题，逐个求解，进而创立了解决这类过程优化问题的新方法——动态规划. 并于 1957 年出版了他的名著《*Dynamic Programming*》，这是该领域的第一部著作.

1. 应用范围

动态规划问世以来，在工程技术、经济管理、生产调度、最优控制以及军事等领域得到了广泛应用. 例如，最短路线、库存管理、资源分配、生产调度、设备更新、排序、装载等问题，用动态规划方法比用其他方法求解更为方便，而且许多问题用动态规划方法去处理，也比线性规划或非线性规划更有成效.

虽然动态规划主要用于求解以时间划分阶段的动态过程的优化问题，但是一些与时间无关的静态规划（如线性规划、非线性规划），只要人为地引进时间因素，把它视为多阶段决策过程，也可以用动态规划方法方便地求解.

应该指出，动态规划是求解某类问题的一种方法，是考察问题的一条途径，而不是一种特殊算法（如线性规划是一种算法）. 因而，它不像线性规划那样有一个标准的数学表达式和明确定义的一组规则，必须对具体问题进行具体分析和处理. 因此，在学习时，除了要对基本概念和方法正确理解外，应以丰富的想象力去建立模型，用创造性的技巧去求解.

2. 动态规划模型的分类

从“时间”角度来划分可分成：离散型和连续型.

从信息确定与否来划分可分成：确定型和随机型.

从目标函数的个数来划分可分成：单目标型和多目标型.

3. 动态规划的基本原理

多阶段决策过程最优化：多阶段决策过程是指这样一类特殊的活动过程，它们可以按时间顺序分解成若干相互联系的阶段，在每个阶段都要做出决策，所有过程的决策就是一个决策序列，所以多阶段决策问题也称为序贯决策问题.

4. 基本概念、基本方程和计算方法

如果一个问题能用动态规划方法求解，那么可按下列步骤建立起动态规划的数学模型：

（1）将过程划分成恰当的阶段.

（2）正确选择状态变量，使它既能描述过程的状态，又满足无后效性，同时确定允许状态集合.

（3）选择决策变量，确定允许决策集合.

（4）写出状态转移方程.

（5）确定阶段指标及指标函数的形式（阶段指标之和，阶段指标之积，阶段指标之极大或极小等）.

（6）写出基本方程即最优值函数满足的递归方程及端点条件.

（7）进行编程求解.

5. 动态规划优缺点

动态规划的优点：能够得到全局最优解. 由于约束条件确定的约束集合往往很复杂，即使指标函数较简单，用非线性规划方法也很难求出全局最优解. 而动态规划方法把全过程化为系列结构相似的子问题，使每个子问题的变量个数大大减少，约束集合也简单得多，易于得到全局最优解. 特别对于约束集合、状态转移和指标函数不能用分析形式给出的优化问题，可以对每个子过程用枚举法求解，而约束条件越多，决策的搜索范围越小，求解就越容易. 对于这类问题，动态规划通常是求全局最优解的唯一方法.

可以得到一族最优解. 与非线性规划只能得到全过程的一个最优解不同，动态规划得到的是全过程及所有后部子过程的各个状态的一族最优解. 有些实际问题需要这样的解族，即使不需要，它们在分析最优策略和最优值对于状态的稳定性时也是很有用的. 当最优策略由于某些原因不能实现时，这样的解族可以用来寻找次优策略. 也就是说，能够利用经验提高求解效率. 如果实际问题本身就是动态的，由于动态规划方法反映了过程逐段演变的前后联系和动态特征，计算时就可以利用实际知识和经验提高求解效率. 如在策略迭代法中，实际经验能够有助于选择较好的初始策略，可以提高收敛速度.

动态规划的缺点：“一个”问题，“一个”模型，“一个”求解方法，而且求解技巧要求比较高，没有统一的标准模型，也没有构造模型的通用方法，甚至还没有判断一个问题能否构造动态规划模型的准则，这样就只能对每类问题进行具体分析，构造具体的模型. 对于较复杂的问题，在选择状态、决策、确定状态转移规律等方面需要丰富的想象力和灵活的技巧性，

这就带来了应用上的局限性．状态变量维数不能太高，一般要求小于 6.

6. 实　例

物品数量为 15，背包容量为 120，物品价值分别为

90，75，83，32，56，31，21，43，14，65，12，24，42，17，60

物品质量分别为

30，27，23，24，21，18，16，14，12，10，9，8，6，5，3，2

求装入产品后背包物品的最大价值及对应的背包质量.

解题思路：

（1）将物品按照价值密度从大到小的顺序放入包内，直到放不下为止.

（2）将（1）中所得到的解值与前面得到的物品的最大价值比较，取优者为输出.

实验步骤及程序：

（1）新建 M 文件.

```
function y=beibao(product,weight,value)
fprintf('请输入数据(product,weight,value):\n');
product=input('product=');
weight=input('weighe=');
value=input('value=');
Total_value=0;
Total_weight=30;
for i=1:length(product),
    Total_value=Total_value+value(i);
    Total_weight=Total_weight-weight(i);
    if(Total_weight<0)
            Total_value=Total_value-value(i);
            Total_weight=Total_weight+weight(i);
    else
            chanpin_N(i)=product(i);
            chanpin_W(i)=weight(i);
            chanpin_V(i)=value(i);
    end
end
disp('输出对应装入背包的产品号')
chanpin_N
disp('输出装入产品后背包总质量')
sum(chanpin_W)
disp('输出装入产品后背包总价值')
sum(chanpin_V)
end
```

（2）点击运行，转换到窗口命令，输入数值即可.

运行结果：

请输入数据（product, weight, value）

product=[1 2 3 4 5 6 7 8 9 10 11 12 13 14 15];

weighe=[30 27 23 24 21 18 16 14 12 10 9 8 6 5 3];

value=[90 75 83 32 56 31 21 43 14 65 12 24 42 17 60];

输出对应装入背包的产品号

chanpin_N=

1 2 3 4 0 0 7 2

输出装入产品后背包总质量

ans=120

输出装入产品后背包总价值

ans=301

结果分析：

当装入 1, 2, 3, 4, 7 号物品时，总价值最大，为 301，此时刚好达到背包总量上线. 结果符合实际情况，合理.

七、分支定界法

分支定界法是由三栖学者查理德·卡普（Richard M.Karp，1935 年出生于美国波士顿，是加州大学伯克利分校电器工程和计算机系、数学系、工业工程和运筹学系这三个系的教授）于 20 世纪 60 年代发明的. 他成功求解了含有 65 个城市的旅行商问题，创当时的记录，1985 年获得图灵奖.

分支定界法是一个用途十分广泛的算法，这种算法的技巧性很强，不同类型的问题其解法也不相同. 分支定界法的基本思想是对有约束条件的最优化问题的所有可行解（数目有限）空间进行搜索. 该算法在具体执行时，把全部可行的解空间不断分割为越来越小的子集（称为分支），并为每个子集内的解的值计算一个下界或上界（称为定界）. 在每次分支后，对凡是界限超出已知可行解值的那些子集不再做进一步分支. 这样，解的许多子集（即搜索树上的许多结点）就可以不予考虑了，从而缩小了搜索范围. 这一过程一直进行到找出可行解为止，该可行解的值不大于任何子集的界限. 因此这种算法一般可以求得最优解.

分支定界算法是求解最优化问题的一类重要方法，它在很多优化问题中得到了应用，如整型规划、非凸函数的总极值问题、分段函数的极小问题、可行集复杂问题的优化问题等.

分支定界算法可以等价于在一个深度为 n 的二叉树上的搜索：在二叉树的每一个节点上求解一个线性规划问题. 每一个子节点都是在其父节点线性规划问题上增加一个约束 $x_i \geqslant [a_i]+1$ 或 $x_i \leqslant [a_i]$ 的线性规划问题. 因此，子节点的解不优于父节点，其叶节点中的最优者都是问题 P 的最优解.

分支定界法是组合优化问题的有效求解方法，其步骤如下：

步骤一： 如果问题的目标为最小化，则设定目前最优解的值 $z=\infty$.

步骤二： 根据分支法则（branching rule），从尚未被洞悉（fathomed）节点（局部解）中选择一个节点，并在此节点的下一阶层中分为几个新的节点.

步骤三： 计算每一个新分支出来的节点的下限值（lower bound，LB）.

步骤四： 对每一节点进行洞悉条件测试，若节点满足以下任意一个条件，则此节点可洞悉而不再被考虑：

此节点的下限值大于等于 z 值.

已找到在此节点中，具最小下限值的可行解；若此条件成立，则需比较此可行解与 z 值的大小，若前者较小，则需更新 z 值，并以此为可行解的值.

此节点不可能包含可行解.

步骤五： 判断是否仍有尚未被洞悉的节点，如果有，则进行步骤二，如果已无尚未被洞悉的节点，则演算停止，并得到最优解.

Kolen 等曾利用此方法求解含时间窗约束的车辆巡回问题，其实验的节点数范围为 6～15. 当节点数为 6 时，计算机演算所花费的时间大约为 1 分钟（计算机型为 VAZ11/785），当节点数扩大至 12 时，计算机有内存不足的现象产生，所以分支定界法比较适用于求解小型问题. Held 和 Karp 指出分支定界法的求解效率，与其界限设定的宽紧有极大的关系.

算法优点：可以求得最优解，平均速度快.

因为从最小下界分支，每次算完限界后，把搜索树上当前所有的叶子节点的限界进行比较，找出限界最小的节点，此节点即为下次分支的节点. 这种决策的优点是检查子问题较少，能较快地求得最佳解.

缺点：要存储很多叶子节点的限界和对应的耗费矩阵. 花费很多内存空间.

存在的问题：分支定界法可应用于大量组合优化问题. 其关键技术在于各节点权值如何估计，可以说一个分支定界求解方法的效率基本上由值界方法决定，若界估计不好，在极端情况下将与穷举搜索没多大区别.

例 3-8　假设有问题（Ⅰ）：

$$\max z = 40x_1 + 90x_2$$

$$\text{s.t.}\begin{cases} 9x_1 + 7x_2 \leqslant 56 \\ 7x_1 + 20x_2 \leqslant 70 \\ x_1, x_2\text{为整数} \end{cases}$$

用分支定界求解过程如下：

（1）用线性规划求解方法可以求出问题.

（Ⅰ）的线性规划问题（Ⅱ）的解为：

$$x_1 = 4.81,\quad x_2 = 1.82,\quad z_0 = 356$$

（2）分支求解过程如图 3-10 所示：

在图 3-10 中，为了方便起见，使用表示问题中的一个 $x_1 = 4.81$，$x_2 = 1.82$，$z_0 = 356$ 的解.

例 3-9 某售货员要到若干城市去推销商品，已知各城市之间的路程. 他要选定一条从驻地出发，经过每个城市一次，最后回到驻地的路线，且使总的路程最小.

解　在该问题中，解的空间是一个排列树，可以使用一个优先队列，队列中的每个元素都包含到达根的路径.

由于要寻找的是路程最小的旅行路径，因此可以使用最小耗费分支定界法. 在实现过程中，使用一个最小优先队列来记录活节点，队列中每个节点的类型为MinHeapNode．每个节点包括如下区域：x（从1到n的整数排列，其中$x[0]=1$），s（一个整数，使得从排列树根节点到当前节点的路径定义了路径的前缀$x[0:s]$，而剩余待访问的节点是$x[s+1:n-1]$，cc（旅行路径前缀，即解空间树中从根节点到当前节点的耗费），$l\cos t$（该节点子树中任意叶节点中的最小耗费），$r\cos t$（从顶点$x[s:n-1]$出发的所有编号的最小耗费之和）．当类型为MinHeapNode(T)的数据被转换成为类型T时，其结果记为$l\cos t$的值．

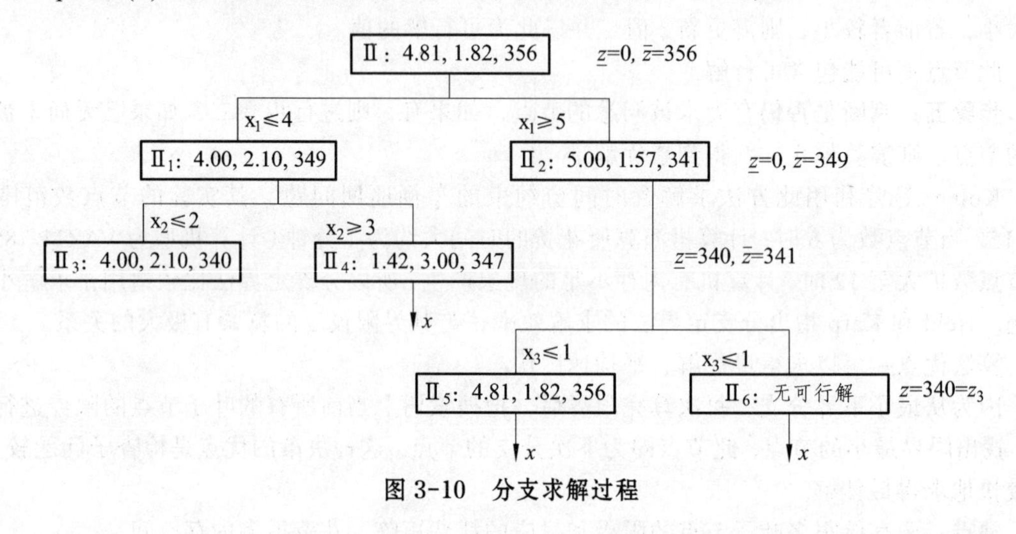

图3-10 分支求解过程

第三节 最优化算法

一、网格算法

目前，网格型算法包含了很多内容，此处主要介绍求解最优化问题的两个网格型算法：一个是求解局部最优化问题的直接搜索（directsearch）算法，另一个是以直接搜索思想为基础的求解全局最优化问题的DIRECT算法．

本节首先介绍直接搜索算法的发展概况、基本概念和主要框架，其次介绍DIRECT算法的基本思想和发展概况．

1．求解局部最优化问题的直接搜索算法

局部最优化问题以寻找目标函数的局部极小值为目标．目前，求解局部最优化问题的数值算法主要有两大类：一类是以梯度信息为基础的算法，主要包括牛顿法、拟牛顿法和共轭梯度法等；另一类是不使用梯度信息的算法，如直接搜索算法．当目标函数是“黑箱（blackbox）函数”时，即目标函数的连续性、光滑性不清楚甚至函数本身的解析表达式都可能无法得到的时候，直接搜索算法往往是唯一的选择．即使目标函数的连续性和光滑性可以保证，但是存在噪音（noise）的时候，梯度型算法也可能无法得到想要的局部最优解．因此，直接搜索算法是数值最优化中的一类重要方法．

直接搜索算法是无导数（ derivative-free ）算法的一个子集，所以直接搜索算法有时也称为无导数算法. 这些算法都与网格或网格单元有关系，故在本节中称为网格型直接搜索算法. 其他还有一些直接搜索算法（或称无导数算法），如信赖域型的直接搜索算法、以插值为基础的线搜索型直接搜索算法.

1）直接搜索算法概述

直接搜索算法大约于 20 世纪 50 年代末 60 年代初开始出现. 早期的文献往往针对一类问题提出启发式算法，缺乏收敛性证明. 例如，罗盘搜索（ compasssearch ）算法（或叫轴向搜索（ coordinatesearch ）算法）、基于香蕉函数的 Rosenbrock 算法、模式搜索（ patternsearch ）算法.

在 20 世纪 60 年代，直接搜索算法得到了极大的关注和发展. 这一时期还产生了 Nelder-Mead 的单纯形算法（参见文献[21]），这是一个至今应用都非常广泛的直接搜索算法. 直接搜索算法通常以某种先验的网格信息为基础. 图 3-11 是罗盘搜索算法以及 Hooke-Jeeves 的模式搜索算法都可能会用到的一个二维网格的例子. 关于网格的定义详见下一小节.

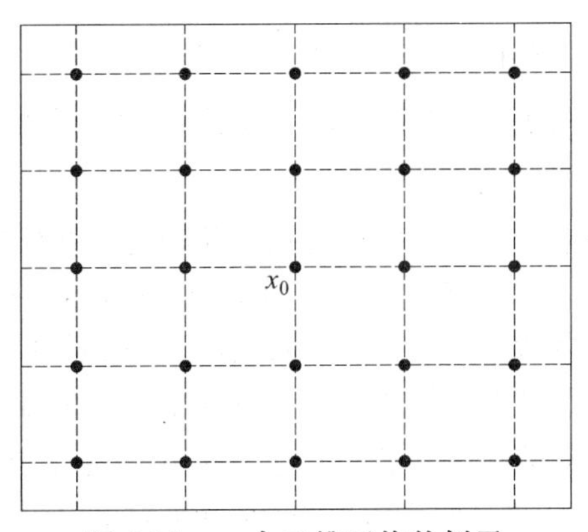

图 3.11 一个二维网格的例子

由于直接搜索算法的收敛性无法得到理论证明，而且直接搜索算法通常收敛速度慢以及其他的一些原因，从 20 世纪 70 年代开始，直接搜索算法的研究和发展跌入低谷. 然而，由于直接搜索算法易于编程实现且不需要梯度信息，它仍然得到了科学和工程计算的实际工作者的喜爱. 到 90 年代初，直接搜索算法重新得到极大的关注. 其中一个原因是科学和工程计算的问题规模越来越大，利用并行计算来提高算法效率显得越来越重要，而直接搜索算法很容易实现并行化. 另一个重要原因是从 90 年代初开始，部分重要的直接搜索算法的收敛性逐渐得到了理论证明. 下面简要介绍一下直接搜索算法取得的主要收敛结果.

首先，多方向搜索（ multidirectional search ）算法给出了收敛性证明，这一算法后来很少被使用，但是该算法的收敛性证明为其他重要的直接搜索算法的收敛性证明提供了主要思想. 利用这些思想，有学者证明了无约束的广义模式搜索（ generalized pattern search，GPS ）算法的收敛性，并把这些证明推广到有界约束和线性约束情形. 后来，人们在一般的线性约束情形下重新界定了 GPS 算法. 继 GPS 算法之后，人们又提出了一种更灵活的直接搜索算法（ Coope-Price 直接搜索算法）并证明了其收敛性. 后来，在 GPS 算法的基础上又吸收 Coope-Price 的直接搜索算法的一些优点，提出了生成集搜索（ generating set search，GSS ）

算法和网格自适应的直接搜索（mesh adaptive direct search，MADS）算法并证明了其收敛性.

2）直接搜索的基本概念

本小节主要介绍直接搜索中的一些重要概念及其性质.

定义 3-2 如果 R^n 中的任意元素 x 都可以表示成向量集合 $V_+=\{v_i\}$ 中的向量非负线性组合，而且去掉 V_+ 中的任一向量后都无法继续做到这一点，则称 V_+ 为 R^n 中的一个正基.

正基中的元素个数至少是 $n+1$ 个，至多是 $2n$ 个. 恰好有 $n+1$ 个元素的正基称为最小正基，恰好有 $2n$ 个元素的正基称为最大正基. 下面是两个很常用的正基：

$$V_1=\{e_1,e_2,\cdots,e_n,-e_1,-e_2,\cdots,-e_n\}$$

和

$$V_2=\left\{e_1,e_2,\cdots,e_n,-\sum_{i=1}^{n}e_i\right\}$$

其中 e_i 表示第 i 个单位坐标向量. 可以看出，V_1 是最大正基，V_2 是最小正基，这两个正基在本书中都会用到.

下面的定理部分反映了正基在直接搜索中的重要性.

定理 3-1 设 V_+ 为 R^n 中的一个正基，如果对于 V_+ 中的任何元素 x_i 都有 $\omega^{\mathrm{T}}x_i\geqslant 0$，那么必有 $\omega=0$.

定理 3-1 的证明可见参考文献“最优化问题的几种网格型算法”（曾金平 2011 年博士论文）. 如果取 $\omega=\nabla f(x_k)$，那么定理 3-1 表明，只要当前迭代点的梯度 $\nabla f(x_k)$ 不等于 0，那么正基中至少存在一个向量是下降方向. 这个结论在直接搜索算法的收敛性证明中起重要作用. 因此为了保证收敛性，直接搜索算法的搜索方向集一定会包含某个正基.

定义 3-3 如果 R^n 中的任意元素 x 都可以表示成向量集合 D 中的向量的非负线性组合，那么称 D 为生成集(generating)，又叫正张成集(positire spanning set).

显然，生成集必定包含一个正基，因此生成集的元素至少有 $n+1$ 个. 为了实现算法的收敛性，直接搜索的每一次迭代使用的搜索方向集都必须是一个生成集. 借助正基的概念，下面给出网格（grid）的定义.

定义 3-4 给定一个中心点 $x_0\in R^n$，一个 R^n 中的正基 $V_+=\{x_1,x_2,\cdots,x_p\}$ 和网格步长 $h>0$，则网格定义为如下的点集：

$$\varsigma=\left\{x_0+h\sum_{i=1}^{p}\eta_i\mu_{i.}:\eta_i\in\mathbf{Z}\right\}$$

其中 $n+1\leqslant p\leqslant 2n$.

按照定义 3-4，图 3.11 就是一个以 x_0 为中心点的二维网格，这个网格可以用二维最大正基 $V_+=\{(1,0)(0,1)(-1,0)(0,-1)\}$ 来生成，也可以用最小正基 $V_+=\{(1,0)(-1,0)(-1,-1)\}$ 来生成.

网格是直接搜索中的重要概念，因为它描述了对搜索空间进行的一种规则抽样. 实际上，直接搜索算法一般要求在网格点上进行搜索，而不是在整个搜索空间中搜索. 如果需要搜索到网格之外的点，那么需要加上一定的条件（如定义 3-7 定义的充分下降条件）才能保证收敛性[3, 9]. 网格概念在直接搜索中的重要性还体现在算法收敛性的证明中. 网格步长的极限行为在直接搜索算法收敛性的证明中起关键作用. 当搜索失败（在当前迭代点的周围没有找到函数值更小的点）时，网格步长必须减小，从而，在一定的条件下，网格会变得越来越细，最终趋于 0. 这一点对于直接搜索算法的收敛性是很重要的. 下面的定义描述了网格的单元框（frame），网格单元框以网格的中心点为中心，但只包含最邻近中心点的网格点.

定义 3-5　给定一个中心点 $x \in R^n$，一个 R^n 的正基 V_+ 和网格步长 $h>0$，则网格单元框定义为如下的点集：

$$\phi(x,V_+,h)=\{x+hx : x \in V_+\} \quad (1)$$

网格单元框提供了当前迭代点（网格中心点，也即网格单元框的中心点）附近的信息，特别是，利用单元框点的函数值可以构建当前迭代点处的梯度信息. 有了这种梯度信息就可以进行加速搜索. 本书第二、三章的算法都用到了网格单元框的这种作用.

在所有网格单元框中有一类特殊的单元框，称为拟最小单元框（quasi-minimalframe），这类单元框在 Coope-Price 算法框架的收敛性证明中起重要作用.

定义 3-6　给定 $e>0$，如果网格单元框 $\phi(z,V_+,h)$ 满足：

$$f(x)-e \leqslant f(x) ,\quad \forall x \in \phi(z,V_+,h)$$

那么称 $\phi(z,V_+,h)$ 为 e^- 拟最小单元框，简称拟最小单元框. 此时称单元框的中心点为拟最小点.

在定义 3-6 中，如果令 $e=0$，那么拟最小点等价于不成功迭代点.

下面定义充分下降条件，该条件与拟最小单元框有密切关系.

定义 3-7　给定当前迭代点 z，如果搜索到了点满足条件：

$$f(z)-e>f(x)$$

则称在迭代点 z 处实现了充分下降.

在定义 3-6 和定义 3-7 中，通常 e 是 h 的增函数，这样做可以把充分下降量与网格步长挂起钩来. 对比定义 3-6 和定义 3-7 可以发现，如果当前迭代点是一个拟最小点，那么在该单元框中不可能搜索到能实现充分下降（下降量超过 e）的点；反之，如果在当前的网格单元框中实现了充分下降，则该网格单元框不可能是拟最小的.

2. 求解全局最优化问题的 DIRECT 算法

全局最优化问题以寻找目标函数的全局最小值为目标，一般来说这是一个困难的任务. 目前，求解全局最优化问题的数值算法主要有两大类：一类是启发式（heuristic）算法，如演化类算法（模拟退火（simulate dannealing）算法、基因（genetic）算法等）和随机搜索算法，这一类算法通常以概率 1 保证收敛到全局最小值. 另一类是确定性（deterministic）算法，这类算法通常保证确定性地收敛到全局最小值. 如分支定界（branch and bound）算法以及以直接搜索思想为基础的 DIRECT 算法等. 分支定界算法一般用于处理离散优化问题，而 DIRECT 算法处理连续优化问题. 本小节将研究基于多重网格思想的 DIRECT 算法. 本节[illegible]介绍 DIRECT 算法的发展概况，其他确定性全局优化算法可查阅相关文献.

DIRECT 算法的名称来自于矩形分割（dividing RECT angles）这一算法描述，[illegible]求解如下有界约束的全局优化问题：

$$f(x^*)=f^*=\min_{x\in\Omega} f(x)$$

其中 $\Omega=\{x\in R^n \mid l_i\leqslant x_i\leqslant u_i\}$，$-\infty<l_i\leqslant u_i<\infty$，目标函数 $f(x)$ 在区域 Ω 中 Lipschitz 连续.

DIRECT 算法已经推广到处理非线性约束和隐约束（hiddenconstraints）情形. 一些重要的修正提出了 DIRECT-*l* 算法和 DIRECT-*e* 算法等. 无论是初始的 DIRECT 算法，还是 DIRECT-*l* 算法和 DIRECT-*e* 算法，都有以下算法特征：

（1）首先把可行域 Ω 标准化为一个超立方体（hypercube），然后不断对它进行分割，即分割成一些更小的超立方体和一些超矩形（hyperrectangle）.

（2）用超矩形（超立方体也看成超矩形）的最大边长表示该矩形的大小（size），用中心点的目标函数值表示该矩形的函数值.

（3）每一步迭代都在所有超矩形中选择潜最优超矩形（potentially optimal hyper-rectangle），并对它们继续进行细分.

（4）大小相同的超矩形中，函数值最小的成为潜最优超矩形. 函数值相同的超矩形中，最大的成为潜最优超矩形.

（5）对潜最优超矩形，执行如下分割操作：

① 记 ξ 为该潜最优矩形的最大边长，I 是具有这一边长的维数集.

② 对所有的 $i\in I$，计算目标函数在 $c\pm\frac{1}{3}\xi e_i$ 的函数值，其中 c 为该超矩形的中心点，e_i 为第 i 个单位坐标向量.

③ 记 $\omega_i=\min\left\{f\left(c\pm\frac{1}{3}\xi e_i\right)\right\}$.

④ 在具有最小的 ω_i 的维上把超矩形分割成三部分，然后在第二小的 ω_i 的维上继续这一操作，……，直到最后.

图 3.12 是 DIRECT 算法求解某个二元函数的全局最小值时的前三次迭代的分割示意

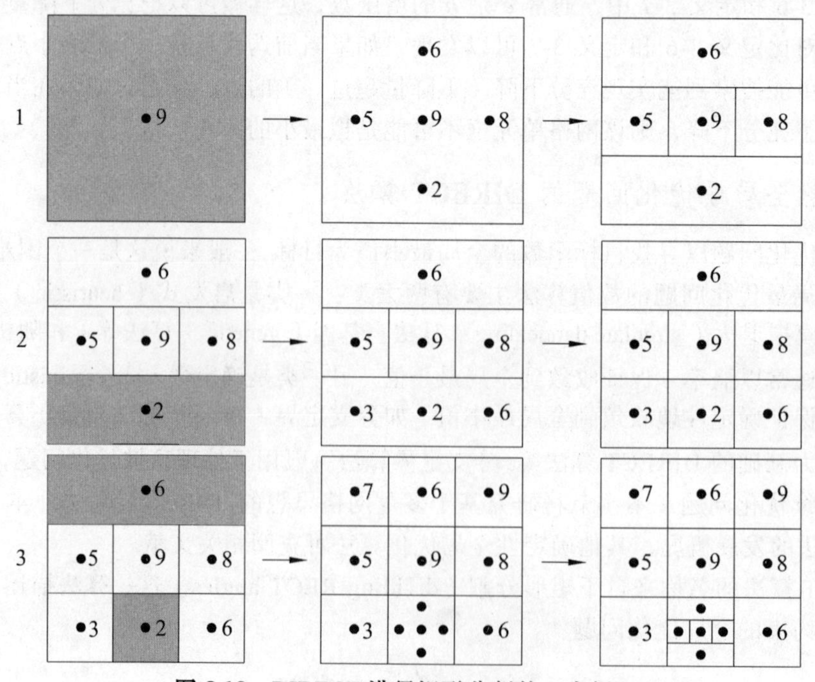

图 3.12 DIRECT 进行矩形分割的一个例子

图. 其中阴影区域表示当前迭代中的潜最优矩形，黑圆点旁边的数字表示在该点处的目标函数值. 第 1 步迭代时，潜最优矩形就是单位正方形，由于四条边一样长，故 $I=\{1,2\}$. 抽样了四个点计算目标函数值，可看到最小的函数值在第 2 维（即 y 轴方向）上. 在第 2 维上把单位正方形三等分，然后把中间的长方形沿第 1 维（即 x 轴方向）三等分. 可以看到，这种策略给了最小的函数值点最大的空间. 第 2 步迭代时，潜最优矩形是下边的小长方形，沿最长边的方向（x 轴方向）把它分割成三等份. 在第 3 步迭代时，潜最优矩形有两个，它们的函数值与最大边长的比值相等，仍然先抽样然后对它们进行分割，这个过程可以一直持续下去. 根据以上分割策略，每个超矩形都会被分割，这样整个可行域（被标准化为超正方形）会被分割成（在极限情形下）无穷多个无穷小的超矩形. 换句话说，所有超矩形的中心点组成的集合在可行域内稠密. 所以，DIRECT 算法可以保证收敛到全局最小点.

然而，大量的数值试验显示，在最优解的附近，DIRECT 算法的收敛速度很慢. 表 3.6 是用 v 算法求解 Branin 测试函数得到的数值结果. 从表 3.5 可以看到，刚开始的时候，函数值计算次数与绝对误差几乎呈线性关系，但是绝对误差超过 10^{-7} 后，函数值计算次数急剧增加. 表 3.5 观察到的现象在 DIRECT 的算例中比较普遍，本书我们称之为渐近无效现象. 为了解决 DIRECT 算法的渐近无效，我们把多重网格思想引入 DIRECT 算法，由此提出一种基于多重网格搜索的全局最优化方法，此处不再叙述.

表 3.6 DIRECT 求解 Branin 函数的数值结果

$\|f_{\min}-f^*\|$	函数值计算次数
10^{-1}	41
10^{-2}	63
10^{-3}	117
10^{-4}	195
10^{-5}	377
10^{-6}	1 295
10^{-7}	38 455

二、穷举法

穷举（exhaustive）法（或称枚举法）是蛮力策略的一种表现形式，也是一种使用非常普遍的思维方法. 它是根据问题中的条件将可能的情况一一列举出来，逐一尝试从中找出满足问题条件的解. 但有时一一列举出的情况数目很大，如果超过了人们所能忍受的范围，则需要进一步考虑，排除一些明显不合理的情况，尽可能减少问题可能解的列举数目.

用穷举法解题就是按照某种方式列举问题答案的过程. 针对问题的数据类型，常用的列举方法有如下三种：

（1）顺序列举，是指答案范围内的各种情况很容易与自然数对应甚至就是自然数，可以按照自然数的变化顺序列举.

（2）排列列举，有时答案的数据形式是一组数的排列，列举出的所有答案是所在范围内的排列.

（3）组合列举，当答案的数据形式为一些元素的组合时，往往需要用组合列举. 组合是无序的.

穷举法的本质就是从所有候选答案中搜索正确的解. 使用该算法需要满足两个条件：

（1）可预先确定候选答案的数量.

（2）候选答案的范围在求解之前必须有一个确定的集合.

当有了确定数量的候选答案和每个答案的确定集合，就可以使用循环语句和条件判断语句逐步验证候选答案的正确性，从而得到需要的正确答案. 在 Matlab 中，一般代码格式为：

```
for(i=x1;i<=x2;i++)
    for(j=y1;j<=y2;j++)
        for(k=z1;k<=z2;k++)
            if(i,j,k 满足验证条件)
                disp(输出正确答案)
```

在上面的演示代码中，对 3 个变量在设置集合可取的值分别进行测试，找到满足条件的组合后就将其输出. 这种通过循环的方式枚举每一种组合，可从所有候选答案中寻找正确的答案. 当候选答案很大时（如上百万、千万或更大数量），采用人工方式就没法进行处理，而计算机能高速运行，故可以很快从这些海量信息中搜索到正确的答案. 但是注意，使用类似上面多重循环嵌套的代码时，循环嵌套的层次越多，需要处理的次数就越多，为了提高程序的运行速度，应尽量简化优化循环的嵌套.

穷举法有着算法简单的优点同时又兼具耗时长的缺点，所以在用穷举法时要避免用来计算太大数据的题.

例 3-10 （1）用穷举法找出 1 到 100 之间的素数.

Matlab 程序如下：

```
sushu=[];
for i=1:100
    m=[];
for j=1:i
    m(j)=mod(i,j);
end
if(length(find(m==0))==2)
    sushu=[sushu i];
end
end
```

（2）用穷举法求解 0-1 整数规划问题.

0-1 整数规划有很广泛的应用背景，比如指派问题、背包问题等. 实际上 TSP 问题也是一个 0-1 问题. 当然，这些问题都是 NP 问题，而对于大规模的问题用穷举法是没有办法在可接受的时间内求得最优解的.

0-1 型整数规划是整数规划的一种特殊形式，其自变量 x_i 只能取 0 或者 1 两个值. 这时 x_i 称为 0-1 变量，或称二进制变量.

数学原理为 0-1 整数规划，其数学模型为：

$$\min f(x)=cx$$

$$\text{s.t.}\begin{cases}Ax\geqslant b\\x_i=0\text{或}1(i=1,2,\cdots)\end{cases}$$

由于自变量的取值非常有限，如果自变量个数不多的话，完全可以用穷举法得到最优解. Matlab 程序如下：

```
%min c'x
%s.t. Ax<=b
%Aeqx=beq
%Aieq~=bieq
function [x,fval]=linprog01(c,A,b,Aeq,beq,Aieq,bieq)
iVal=size(c,1);
xVal=zeros(size(c));
x=xVal;
opt_solution=c'*xVal;
for i=1:2^iVal-1
    strBin_i=dec2bin(i);
    xVal=zeros(size(c));
    for k=1:length(strBin_i)
        xVal(k)=str2num(strBin_i(k));
    end
    constrA=A*xVal<=b;
    constrAeq=Aeq*xVal==beq;
    constrAieq=Aieq*xVal~=bieq;
    if all(constrA)& all(constrAeq)& all(constrAieq)
        objVal=c'*xVal;
        if objVal<=opt_solution
        opt_solution=objVal;
        x=xVal;
      end
    end
end
fval=opt_solution;
```

三、模拟退火法

1. 概　述

算法简介：模拟退火算法得益于材料的统计力学的研究成果. 统计力学表明，材料中粒子的不同结构对应于粒子的不同能量水平. 在高温条件下，粒子的能量较高，可以自由运动和重新排列；在低温条件下，粒子能量较低. 如果从高温开始，非常缓慢地降温（这个过程称为退火），粒子就可以在每个温度下达到热平衡，而当系统完全被冷却时，最终形成处于低能状态的晶体.

如果用粒子的能量定义材料的状态，Metropolis 算法就用一个简单的数学模型描述了退火过程. 假设材料在状态 i 之下的能量为 $E(i)$，那么材料在温度 T 时从状态 i 进入状态 j 就遵循如下规律：

（1）如果 $E(j) \leqslant E(i)$，接受该状态被转换.

（2）如果 $E(j) > E(i)$，则状态转换以如下概率被接受：

$$\mathrm{e}^{\frac{E(i)-E(j)}{KT}}$$

其中 K 是物理学中的波尔兹曼常数，T 是材料温度. 在某一个特定温度下，进行了充分的转换之后，材料将达到热平衡. 这时材料处于状态 i 的概率满足波尔兹曼分布：

$$P_T(x=i)=\frac{\mathrm{e}^{-\frac{E(i)}{KT}}}{\sum_{j\in s}\mathrm{e}^{-\frac{E(j)}{KT}}}$$

其中 x 表示材料当前状态的随机变量，S 表示状态空间集合.

显然

$$\lim_{T\to\infty}\frac{\mathrm{e}^{-\frac{E(i)}{KT}}}{\sum_{i\in s}\mathrm{e}^{-\frac{E(i)}{KT}}}=\frac{1}{|S|}$$

其中 $|S|$ 表示集合 S 中状态的数量. 这表明所有状态在高温下具有相同的概率. 而当温度下降时，

$$\begin{aligned}\frac{1}{|S|}\lim_{T\to 0}\frac{\mathrm{e}^{-\frac{E(j)-E_{\min}}{KT}}}{\sum_{j\in s}\mathrm{e}^{-\frac{E(j)-E_{\min}}{KT}}}&=\lim_{T\to 0}\frac{\mathrm{e}^{-\frac{E(i)-E_{\min}}{KT}}}{\sum_{j\in s_{\min}}\mathrm{e}^{-\frac{E(i)-E_{\min}}{KT}}+\sum_{j\in s_{\min}}\mathrm{e}^{-\frac{E(i)-E_{\min}}{KT}}}\\&=\lim_{T\to 0}\frac{\mathrm{e}^{-\frac{E(i)-E_{\min}}{KT}}}{\sum_{j\in s_{\min}}\mathrm{e}^{-\frac{E(i)-E_{\min}}{KT}}}\\&=\begin{cases}\dfrac{1}{|S_{\min}|}, & i\in S_{\min}\\ 0, & i\notin S_{\min}\end{cases}\end{aligned}$$

其中 $E_{\min}=\lim_{j\in s}E(j)$ 且 $S_{\min}=\{i|E(i)=E_{\min}\}$.

上式表明当温度降至很低时，材料会以很大概率进入最小能量状态. 假定我们要解决的问题是一个寻找最小值的优化问题，那么将物理学中模拟退火思想应用于优化问题就可以得到模拟退火寻优方法.

考虑这样一个组合优化问题：优化函数为 $f:x\to R^{+}$，其中 $x\in S$，它表示优化问题的一个可行解 $R^{+}=\{y\,|\,y\in R, y>0\}$，$S$ 表示函数的定义域. $N(x)\subseteq S$ 表示 x 的一个邻域集合.

首先给定一个初始温度 T_0 和该优化问题的一个初始解 $x(0)$，并由 $x(0)$ 生成下一个解 $x' \in N(x(0))$，是否接受 x' 作为一个新解 $x(1)$ 依赖于下面概率：

$$P(x_0 \to x') = \begin{cases} 1, & f(x') < f(x_0) \\ \mathrm{e}^{\frac{f(x')-f(x_0)}{T_0}}, & f(x') > f(x_0) \end{cases} \quad (2)$$

换句话说，如果生成的解 x' 的函数值比前一个解的函数值更小，则接受 $x(1) = x'$ 作为一个新解，否则以概率 $\mathrm{e}^{\frac{f(x')-f(x_0)}{T_0}}$ 接受 x' 作为一个新解.

泛泛地说，对于某一个温度 T_i 和该优化问题的一个解 $x(k)$，可以生成 x'. 接受 x' 作为下一个新解 $x(k+1)$ 的概率为：

$$P(x_k \to x') = \begin{cases} 1, & f(x') < f(x_k) \\ \mathrm{e}^{\frac{f(x')-f(x_k)}{T_0}}, & f(x') > f(x_k) \end{cases}$$

在温度 T_i 下，经过很多次的转移之后，降低温度 T_i，得到 $T_{i+1} < T_i$；在 T_{i+1} 下重复上述过程. 因此整个优化过程就是不断寻找新解和缓慢降温的交替过程，最终的解是对该问题寻优的结果. 我们注意到，在每个 T_i 下，所得到的一个新状态 $x(k+1)$ 完全依赖于前一个状态 $x(k)$，但却和前面的状态 $x(0), x(k-1)$ 无关，因此这是一个马尔可夫过程. 使用马尔可夫过程对上述模拟退火的步骤进行分析，结果表明：从任何一个状态 $x(k)$ 生成 x' 的概率，在 $N(x(k))$ 中是均匀分布的，且新状态 x' 被接受的概率满足式（2），那么经过有限次的转换，在温度 T_i 下的平衡态 x' 的分布由下式给出：

$$P_i T_i = \frac{\mathrm{e}^{\frac{f(x_i)}{T}}}{\sum_{j \in s} \mathrm{e}^{\frac{f(x_i)}{T_i}}}$$

当温度 T 降为零时，$x(i)$ 的分布为：

$$P_i^* = \begin{cases} 0, & x_i \in S_{\min} \\ \dfrac{1}{|S_{\min}|}, & x_i \notin S_{\min}, \ \sum\limits_{x_i \in S_{\min}} P_i^* = \end{cases}$$

这说明如果温度下降十分缓慢，而在每一温度都有足够多次的状态转移，使之在每一温度下达到热平衡，则全局最优解将以概率 1 被找到. 因此可以说模拟退火算法可以找到全局最优解.

在模拟退火算法中应注意以下问题：

（1）理论上，降温过程要足够缓慢，要使得在每一温度下达到热平衡. 但在计算机实现中，如果降温速度过缓，所得到的解的性能较为令人满意，但是算法会太慢，相对于简单的搜索算法不具有明显优势；如果降温速度过快，很可能最终得不到全局最优解. 因此使用时要综合考虑解的性能和算法速度，在两者之间采取一种折中.

（2）要确定在每一温度下状态转换的结束准则. 实际操作时要考虑当连续 m 次的转换过程没有使状态发生变化时结束该温度下的状态转换. 最终温度的确定可以提前定为一个较小的值 Te，或连续几个温度下转换过程没有使状态发生变化算法就结束.

（3）选择初始温度和确定某个可行解的邻域的方法也要恰当.

2. 应用举例

例 3-11 已知敌方 100 个目标的经度、纬度如表 3-7 所示.

表 3-7 某地区经度和纬度表

经度	纬度	经度	纬度	经度	纬度	经度	纬度
53.7121	15.3046	51.1758	0.0322	46.3253	28.2753	30.3313	6.9348
56.5432	21.4188	10.8198	16.2529	22.7891	23.1045	10.1584	12.4819
20.1050	15.4562	1.9451	0.2057	26.4951	22.1221	31.4847	8.9640
26.2418	18.1760	44.0356	13.5401	28.9836	25.9879	38.4722	20.1731
28.2694	29.0011	32.1910	5.8699	36.4863	29.7284	0.9718	28.1477
8.9586	24.6635	16.5618	23.6143	10.5597	15.1178	50.2111	10.2944
8.1519	9.5325	22.1075	18.5569	0.1215	18.8726	48.2077	16.8889
31.9499	17.6309	0.7732	0.4656	47.4134	23.7783	41.8671	3.5667
43.5474	3.9061	53.3524	26.7256	30.8165	13.4595	27.7133	5.0706
23.9222	7.6306	51.9612	22.8511	12.7938	15.7307	4.9568	8.3669
21.5051	24.0909	15.2548	27.2111	6.2070	5.1442	49.2430	16.7044
17.1168	20.0354	34.1688	22.7571	9.4402	3.9200	11.5812	14.5677
52.1181	0.4088	9.5559	11.42111	24.4509	6.5634	26.7213	28.5667
37.5848	16.8474	35.6619	9.9333	24.4654	3.1644	0.7775	6.9576
14.4703	13.6368	19.8660	15.1224	3.1616	4.2428	18.5245	14.3598
58.6849	27.1485	39.5168	16.9371	56.5089	13.7090	52.5211	15.7957
38.4300	8.4648	51.8181	23.0159	8.9983	23.6440	50.1156	23.7816
13.7909	1.9510	34.0574	23.3960	23.0624	8.4319	19.9857	5.7902
40.8801	14.2978	58.8289	14.5229	18.6635	6.7436	52.8423	27.2880
39.9494	29.5114	47.5099	24.0664	10.1121	27.2662	28.7812	27.6659
8.0831	27.6705	9.1556	14.1304	53.7989	0.2199	33.6490	0.3980
1.3496	16.8359	49.9816	6.0828	19.3635	17.6622	36.9545	23.0265
15.7320	19.5697	11.5118	17.3884	44.0398	16.2635	39.7139	28.4203
6.9909	23.1804	38.3392	19.9950	24.6543	19.6057	36.9980	24.3992
4.1591	3.1853	40.1400	20.3030	23.9876	9.4030	41.1084	27.7149

我方有一个基地，经度和纬度为(70，40)，假设我方飞机的速度为 1000 千米/小时. 我方派一架飞机从基地出发，侦察完敌方所有目标，再返回原来的基地. 在敌方每一目标点的侦察时间不计，求该架飞机所花费的时间（假设我方飞机巡航时间可以充分长）.

这是一个旅行商问题. 我们依次给基地编号为 1，敌方目标依次编号为 2, 3, …, 101，最后我方基地再重复编号为 10，这样便于程序中计算距离矩阵

$$D=(d_{ij})102\times102$$

其中 d_{ij} 表示表示 i, j 两点的距离（i, j=1, 2, …, 102），这里 D 为实对称矩阵．则问题是：求一个从点 1 出发，走遍所有中间点，到达点 102 的一个最短路径．

上述问题中给定的是地理坐标（经度和纬度），现在求两点间的实际距离．

设 A，B 两点的地理坐标分别为 $(x_1, y_1), (x_2, y_2)$，过 A, B 两点的大圆的劣弧长即为两点的实际距离．以地心为坐标原点 O，以赤道平面为 xOy 平面，以 0 度经线圈所在的平面为 xOz 平面，建立三维直角坐标系，则 A, B 两点的直角坐标分别为：

$$A(R\cos x_1\cos y_1, R\sin x_1\cos y_1, R\sin y_1)\text{，}\quad B(R\cos x_2\cos y_2, R\sin x_2\cos y_2, R\sin y_2)$$

其中 R=6370 为地球半径．

A, B 两点的实际距离

$$d = R\arccos[\overrightarrow{OA}\cdot\overrightarrow{OB}/|\overrightarrow{OA}|\cdot|\overrightarrow{OB}|]$$

化简得

$$d = R\arccos[\cos(x_1 - x_2)\cos y_1\cos y_2 + \sin y_1\sin y_2]$$

求解模拟退火算法的描述如下：

（1）解空间．

解空间 S 可表为{1, 2, …, 101, 102}的所有固定起点和终点的循环排列集合，即

$$S=\{(\pi_1, \cdots, \pi_{102})|\pi_1=1，(\pi_2, \cdots, \pi_{101})\text{为}\{2, 3, \cdots, 101\}\text{的循环排列}，\pi_{102}=102\}$$

其中每一个循环排列表示侦察 100 个目标的一个回路，$\pi_i = j$ 表示在第 i 次侦察 j 点．

初始解可选为（1, 2, …, 102），本书中我们使用蒙特卡洛（Monte Carlo）方法求得一个较好的初始解．

（2）目标函数，此时的目标函数为侦察所有目标的路径长度或称代价函数．我们要求

$$\min f(\pi_1, \pi_2, \pi_3, \cdots, \pi_{102}) = \sum_{i=1}^{101} d_{\pi_1\pi_{i+1}}$$

重复步骤（3）（4）（5）直到系统达到平衡状态．

（3）新解的产生．

① 2 变换法．

任选序号 $u, v(u<v)$，交换 u 与 v 之间的顺序，此时的新路径为

$$\pi_1\cdots\pi_{u-1}\pi_v\pi_{v+1}\cdots\pi_{w+1}\pi_u\pi_{v+1}\cdots\pi_{102}$$

② 3 变换法．

任选序号 u，v 和 w（设 $u < v < w$），将 u 和 v 之间的路径插到 w 之后，对应的新路径为

$$\pi_1\cdots\pi_{u-1}\pi_{v+1}\cdots\pi_w\pi_u\cdots\pi_v\pi_{w+1}\cdots\pi_{102}$$

（4）代价函数差．

对于 2 变换法，路径差可表示为：

$$\Delta f = (d_{\pi_{u-1}\pi_v} + d_{\pi_u\pi_{v+1}}) - d_{\pi_{u-1}\pi_u} + d_{\pi_v\pi_{v+1}}$$

（5）接受准则．

$$p = \begin{cases} 1, & \Delta f < 0 \\ \exp(-\Delta f / T), & \Delta f \geqslant 0 \end{cases}$$

如果$\Delta f<0$，接受新的路径，否则以概率 $\exp(-\Delta f/T)$接受新的路径，即若 $\exp(-\Delta f/T)$大于 0 与 1 之间的随机数则接受.

（6）降温.

利用选定的降温系数α进行降温，即：$T\leftarrow\alpha T$，得到新的温度，这里我们取$\alpha=0.999$.

（7）结束条件.

用选定的终止温度 $e=10^{-30}$，判断退火过程是否结束．若 $T<e$，算法结束，输出当前状态.

我们编写如下的 matlab 程序：

```
clear clc;
load sj.txt %加载敌方 100 个目标的数据，数据按照表格中的位置保存在纯文本文件 sj.txt 中
    x=sj(:,1:2:8);x=x(:);
    y=sj(:,2:2:8);y=y(:);
    sj=[x y];
    d1=[70,40];
    sj=[d1;sj;d1];
    sj=sj*pi/180;
    %距离矩阵 d
    d=zeros(102);
        for i=1:101
        for i=1:101
            temp=temp+d(S(i),S(i+1));
            end
            if temp<Sum
            S0=S;Sum=temp;
        end
    end
    e=0.1^30;L=20000;at=0.999;T=1;
    %退火过程
    for k=1:L
    %产生新解
    c=2+floor(100*rand(1,2));
    c=sort(c);
    c1=c(1);c2=c(2);
    %计算代价函数值
    df=d(S0(c1-1),S0(c2))+d(S0(c1),S0(c2+1))-d(S0(c1-1),S0(c1))-d(S0(c2),S0(c2+1));
    %接受准则
    if df<0
    S0=[S0(1:c1-1),S0(c2:-1:c1),S0(c2+1:102)];
    Sum=Sum+df;
    elseif exp(-df/T)>rand(1)
```

```
        S0=[S0(1:c1-1),S0(c2:-1:c1),S0(c2+1:102)];
        Sum=Sum+df;
        end
        T=T*at;
        if T<e
        break;
        end
end
% 输出巡航路径及路径长度
        S0,Sum
```

四、遗传算法

遗传算法（genetic algorithm）是模拟达尔文生物进化论的自然选择和遗传学机理的生物进化过程的计算模型，是一种通过模拟生物进化过程搜索最优解的方法．遗传算法是从代表问题可能潜在的解集的一个种群（population）开始的，而一个种群则由经过基因（gene）编码的一定数目的个体（individual）组成．染色体作为遗传物质的主要载体，即多个基因的集合，其内部表现（即基因型）为某种基因组合，它决定了个体形状的外部表现，如黑头发的特征是由染色体中控制这一特征的某种基因组合决定的．因此，在一开始需要实现从表现型到基因型的映射即编码工作．由于仿照基因编码的工作很复杂，所以要进行简化，如二进制编码，初代种群产生之后，按照适者生存和优胜劣汰的原理，逐代（generation）演化产生出越来越好的近似解，在每一代，根据问题域中个体的适应度（fitness）大小选择（selection）个体，并借助于自然遗传学的遗传算子（genetic operators）进行组合交叉（crossover）和变异（mutation），产生出代表新的解集的种群．

1．基本框架

GA 的流程图如图 3-13 所示．

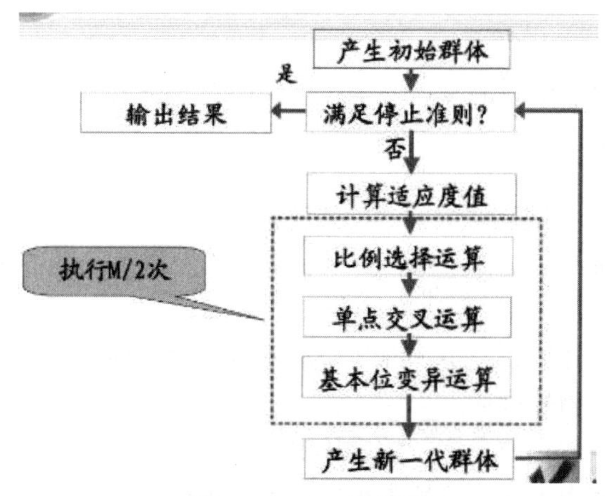

图 3-13　GA 流程图

2. 编码

遗传算法不能直接处理问题空间的参数，必须把它们转换成遗传空间的由基因按一定结构组成的染色体或个体，这一转换操作叫作编码，也可以称为（问题的）表示（representation）. 编码策略评估常按照以下三个规范进行：

（1）完备性（completeness）：问题空间中的所有点（候选解）都能作为 GA 空间中的点（染色体）表现.

（2）健全性（soundness）：GA 空间中的染色体能对应所有问题空间中的候选解.

（3）非冗余性（nonredundancy）：染色体和候选解一一对应.

目前的几种常用的编码技术有二进制编码、浮点数编码、字符编码、变成编码等. 其中二进制编码是目前遗传算法中最常用的编码方法，即由二进制字符集$\{0, 1\}$产生通常的 0, 1 字符串来表示问题空间的候选解. 它具有以下特点：

（1）简单易行.

（2）符合最小字符集编码原则.

（3）便于用模式定理进行分析.

3. 适应度函数

进化论中的适应度，是表示某一个体对环境的适应能力，也表示该个体繁殖后代的能力. 遗传算法的适应度函数也叫评价函数，是用来判断群体中的个体的优劣程度的指标，它是根据所求问题的目标函数来进行评估的. 遗传算法在搜索进化过程中一般不需要其他外部信息，仅用评估函数来评估个体或解的优劣，并作为以后遗传操作的依据. 由于遗传算法中，适应度函数要比较排序并在此基础上计算选择概率，所以适应度函数的值要取正值. 由此可见，在不少场合，将目标函数映射成求最大值形式且函数值非负的适应度函数是必要的.

适应度函数的设计主要满足以下条件：

（1）单值、连续、非负、最大化.

（2）合理、一致性.

（3）计算量小.

（4）通用性强.

在具体应用中，适应度函数的设计要结合求解问题本身的要求而定. 适应度函数设计直接影响到遗传算法的性能.

4. 初始群体的选取

遗传算法中初始群体中的个体是随机产生的. 一般来讲，初始群体的设定可采取如下的策略：

（1）根据问题固有的知识，设法把握最优解所占空间在整个问题空间中的分布范围，然后，在此分布范围内设定初始群体.

（2）先随机生成一定数目的个体，然后从中挑出最好的个体加到初始群体中. 这种过程不断迭代，直到初始群体中个体数达到了预先确定的规模.

五、遗传操作

遗传操作是模拟生物基因遗传的做法．在遗传算法中，通过编码组成初始群体后，遗传操作的任务就是对群体的个体按照它们对环境适应度（适应度评估）施加一定的操作，从而实现优胜劣汰的进化过程．从优化搜索的角度而言，遗传操作可使问题的解一代又一代地优化，并逼近最优解．

遗传操作包括以下三个基本遗传算子（genetic operator）：选择（selection）；交叉（crossover）；变异（mutation）．这三个遗传算子有一个特点：遗传算子的操作都是在随机扰动情况下进行的．因此，群体中个体向最优解迁移的规则是随机的．需要强调的是，这种随机化操作和传统的随机搜索方法是有区别的．遗传操作进行的高效有向的搜索不是一般随机搜索方法中所进行的无向搜索．遗传操作的效果和上述三个遗传算子所取的操作概率、编码方法、群体大小、初始群体以及适应度函数的设定密切相关．

算子 1：选择．

从群体中选择优胜个体，淘汰劣质个体的操作称为个体选择．选择算子有时又称为再生算子（reproduction operator）．选择的目的是把优化的个体（或解）直接遗传到下一代或通过配对交叉产生新的个体再遗传到下一代．选择操作是建立在群体中个体的适应度评估基础上的．目前常用的选择算子有以下几种：适应度比例方法、随机遍历抽样法、轮盘赌选择法、局部选择法．其中轮盘赌选择法(roulette wheel selection)是最简单也是最常用的选择方法．在该方法中，各个个体的选择概率与其适应度值成比例．设群体大小为 n，其中个体 i 的适应度为 $f(i)$，则个体 i 的选择概率为 $p(i)$，适应度与选择概率成正比．显然，选择概率反映了个体 i 的适应度在整个群体的个体适应度总和中所占的比例，个体适应度越大，其被选择的概率就越高，反之亦然．计算出群体中各个个体的选择概率后，为了选择交配个体，需要进行多轮选择．每一轮产生一个[0, 1]之间均匀随机数，将该随机数作为选择指标来确定被选个体．个体被选后，可随机地组成交配对，以便后面的交叉操作．

算子 2：交叉．

在自然界生物进化过程中起核心作用的是生物遗传基因的重组（加上变异）．同样，遗传算法中起核心作用的是遗传操作的交叉算子．所谓交叉是指把两个父代个体的部分结构加以替换重组而生成新个体的操作．通过交叉，遗传算法的搜索能力得以迅速提高．

交叉算子根据交叉率将种群中的两个个体随机地交换某些基因，能够产生新的基因组合，期望将有益基因组合在一起．根据编码表示方法的不同，可以有以下算法：

（1）实值重组（real valued recombination）．

① 组（discrete recombination）．

② 中间重组（intermediate recombination）．

③ 线性重组（linear recombination）．

④ 扩展线性重组（extended linear recombination）．

（2）二进制交叉（binary valued crossover）．

① 单点交叉（single-point crossover）．

② 多点交叉（multiple-point crossover）．

③ 均匀交叉（uniform crossover）．

④ 洗牌交叉（shuffle crossover）.

（3）缩小代理交叉（crossover with reduced surrogate）.

最常用的交叉算子为单点交叉（one-point crossover）. 具体操作是：在个体串中随机设定一个交叉点,实行交叉时,该点前或后的两个个体的部分结构进行互换,并生成两个新个体.下面给出了单点交叉的一个例子：

个体A：1 0 0 1 ↑1 1 1 → 1 0 0 1 0 0 0 新个体

个体B：0 0 1 1 ↑0 0 0 → 0 0 1 1 1 1 1 新个体

算子3：变异.

变异算子的基本内容是对群体中的个体串的某些基因座上的基因值作变动. 依据个体编码表示方法的不同，可以有以下算法：

（1）实值变异.

（2）二进制变异.

一般来说，变异算子操作的基本步骤如下：

（1）对群体中所有个体以事先设定的编译概率判断是否进行变异.

（2）对进行变异的个体随机选择变异位进行变异.

遗传算法中引入变异的目的有两个：一是使遗传算法具有局部的随机搜索能力. 当遗传算法通过交叉算子已接近最优解邻域时，利用变异算子的这种局部随机搜索能力可以加速向最优解收敛. 显然，此种情况下的变异概率应取较小值，否则接近最优解的积木块会因变异而遭到破坏. 二是使遗传算法可维持群体多样性，以防止出现未成熟收敛现象. 此时收敛概率应取较大值.

遗传算法中，交叉算子因其全局搜索能力而作为主要算子，变异算子因其局部搜索能力而作为辅助算子. 遗传算法通过交叉和变异这对相互配合又相互竞争的操作而使其具备兼顾全局和局部的均衡搜索能力. 所谓相互配合，是指当群体在进化中陷于搜索空间中某个超平面而仅靠交叉不能摆脱时，通过变异操作可有助于这种摆脱. 所谓相互竞争，是指当通过交叉已形成所期望的积木块时，变异操作有可能破坏这些积木块. 如何有效地配合使用交叉和变异操作，是目前遗传算法的一个重要研究内容.

基本变异算子是指对群体中的个体码串随机挑选一个或多个基因座并对这些基因座的基因值作变动（以变异概率 P 作变动）. (0, 1)二值码串中的基本变异操作如下：

基因位下方标有*号的基因发生变异.

变异率的选取一般受种群大小、染色体长度等因素的影响，通常选取很小的值，一般取 0.001 ~ 0.1.

终止条件：

当最优个体的适应度达到给定的阈值,或者最优个体的适应度和群体适应度不再上升时,或者迭代次数达到预设的代数时，算法终止. 预设的代数一般设置为 100 ~ 500.

术语介绍：

由于遗传算法是由进化论和遗传学机理而产生的搜索算法，所以在这个算法中会用到很多生物遗传学知识，下面是我们将会用到的一些术语：

（1）染色体（chromosome）.

染色体又称为基因型个体（individuals），一定数量的个体组成了群体（population），群体中个体的数量称为群体大小.

（2）基因（gene）.

基因是串中的元素，基因用于表示个体的特征. 例如，有一个串 S = 1011，则其中的 1, 0, 1, 1 这 4 个元素分别称为基因. 它们的值称为等位基因（alleges）.

（3）基因地点（locus）.

基因地点在算法中表示一个基因在串中的位置，称为基因位置（gene position），有时也简称为基因位. 基因位置由串的左边向右边计算，例如在串 S = 1101 中，0 的基因位置是 3.

（4）基因特征值（gene feature）.

在用串表示整数时，基因的特征值与二进制数的权一致. 例如，在串 S=1011 中，基因位置 3 中的 1，它的基因特征值为 2；基因位置 1 中的 1，它的基因特征值为 8.

（5）适应度（fitness）.

各个个体对环境的适应程度称为个体适应度（fitness）. 为了体现染色体的适应能力，引入了对问题中的每一个染色体都能进行度量的函数，叫适应度函数. 这个函数是计算个体在群体中被使用的概率.

由于遗传算法的整体搜索策略和优化搜索方法在计算时不依赖于梯度信息或其他辅助知识，而只需要影响搜索方向的目标函数和相应的适应度函数，所以遗传算法提供了一种求解复杂系统问题的通用框架，它不依赖于问题的具体领域，对问题的种类有很强的鲁棒性，所以广泛应用于许多科学，下面介绍遗传算法的一些主要应用领域：

（1）函数优化.

函数优化是遗传算法的经典应用领域，也是遗传算法进行性能评价的常用算例. 许多人构造出了各种各样复杂形式的测试函数：连续函数和离散函数、凸函数和凹函数、低维函数和高维函数、单峰函数和多峰函数等. 对于一些非线性、多模型、多目标的函数优化问题，用其他优化方法较难求解，而遗传算法可以方便的得到较好的结果.

（2）组合优化.

随着问题规模的增大，组合优化问题的搜索空间也急剧增大，有时在目前的计算上用枚举法很难求出最优解. 对这类复杂的问题，人们已经意识到应把主要精力放在寻求满意解上，而遗传算法是寻求这种满意解的最佳工具之一. 实践证明，遗传算法对于组合优化中的 NP 问题非常有效. 例如，遗传算法已经在求解旅行商问题、背包问题、装箱问题、图形划分问题等方面得到成功的应用.

此外，GA 也在生产调度问题、自动控制、机器人学、图像处理、人工生命、遗传编码和机器学习等方面获得了广泛的运用.

第四章 软件介绍

第一节 Matlab 简介

一、Matlab 概述

Matlab 是 Matrix Laboratory“矩阵实验室”的缩写. Matlab 语言是由美国的克里夫·莫勒尔（Clever Moler）博士于 1980 年开发的，初衷是为解决“线性代数”课程的矩阵运算问题. 1984 年由美国 Math Works 公司推向市场，历经十多年的发展与竞争，现已成为国际公认的最优秀的工程应用开发软件. Matlab 功能强大、简单易学、编程效率高，深受广大科技工作者的欢迎.

在数学建模竞赛中，由于只有短短三四天，而论文的评判不仅注重计算结果更注重模型的创造性等很多方面，因此在比赛中把大量的时间花费在编写和调试程序上只会喧宾夺主，是很不值得的. 而使用 Matlab 可以在很大程度上方便计算、节省时间，使我们将精力更多地放在模型的完善上.

这里简要介绍一下 Matlab 与数学建模相关的基础知识，并列举一些简单的例子. 其中很多例子都源于国内外的数学建模竞赛题，希望能给同学们一些启发以便在短时间内方便、快捷地使用 Matlab 来解决数学建模中的问题. 当然要想学好 Matlab 还要更多地依赖自主学习，一个很好的学习 Matlab 的方法就是查看 Matlab 的帮助文档：

如果你知道一个函数名，想了解它的用法，你可以用‘help’命令得到它的帮助文档：

>>help 函数名

如果你了解包含某个关键词的函数，你可以用‘lookfor’命令得到相关函数：

>>lookfor 函数名

例如，help sum 命令将输出 sum 函数的帮助信息. 其他一些可能有用的帮助命令有“info”，“what”和“which”等. 这些命令的详细用法和作用都可以用 help 获得，Matlab 中还提供了很多程序演示实例，这些例子可以通过“demo”获得.

二、变量

Matlab 程序的基本数据单元是数组，一个数组是以行和列组织起来的数据集合，并且拥有一个数组名. 标量在 Matlab 中也被当作数组处理，它被看作只有一行一列的数组. 数组可以定义为向量或矩阵. 向量一般来描述一维数组，而矩阵往往来描述二维或多维数组. 数组中的元素可以是实数或者复数；在 Matlab 中，$\sqrt{-1}$ 是由“i”或“j”来表示的，当然前提是用户没有预先重新定义“i”或“j”. 在 Matlab 中，数组的定义要用“[]”括起来，数组中同一行元素间以空格或逗号“,”隔开，行与行之间用分号“;”隔开. 下面给出实数、复数、行向量、列向量和矩阵的定义及赋值方式.

实数	>>x=5
复数	>>x=5+10i 或者>>5+10j
行向量	>>x=[1 2 3]或者>>x=[1,2,3]
列向量	>>x=[1;2;3]
3×3 矩阵	>>x=[1 2 3;4 5 6;7 8 9]

需要注意的是，一个数组的每一行元素的个数必须完全相同，每一列元素的个数也必须完全相同. 对于复数的输入，虚部前的系数和“i”或“j”之间不能有空格，如 -1+2 i 是不对的，而 -1+2i 或 -1+i×2 才是有效的输入方式.

1. 固定变量

前面我们说过，如果用户没有预先重新定义“i”或“j”，那么“i”或“j”表示 $\sqrt{-1}$. 在 Matlab 中有几个常见的固定变量，如果用户没有预先重新定义，这些固定变量有着自身的意义.

pi	π
i，j	$\sqrt{-1}$
inf	∞
ans	默认变量

NaN 是 not a number 的缩写，表示**无穷与非数值**，比如不定式 0/0, inf*inf 等情况产生的结果；ans 是 answer 的缩写，如果不定义变量，Matlab 会将运算结果放在默认变量 ans 中.

2. 复数运算

Matlab 中提供了一些复数运算的函数，这里列出一些重要的复数运算函数.

复数输入	>>x=3+4j
实部	>>real(x) ⇒ 3
虚部	>>image(x) ⇒ 4
模	>>abs(x) ⇒ 5
共轭复数	>>conj(x) ⇒ 3-4j
幅角	>>angle(x) ⇒ 0.9273

3. 向量、矩阵的快捷生成

创建一个小数组用一一列举出元素的方法是比较容易的，但是当创建包括成千上万个元素的数组时则不太现实. 在 Matlab 中，向量可以通过冒号“;”方便快捷的生成，用两个冒号按顺序隔开“第一个值”“步增”和“最后一个值”就可以生成指定的向量. 如果步增为 1，可以省略步增和一个冒号，比如：

>>x=1:0.5:3 ⇒ [1.01,52.02,53.0]

>>y=1:3 ⇒ [1 2 3]

向量的快捷生成还可以调用函数 linspace. linspace 函数只需给出向量的第一个值、最后一个值和等分的个数就可以生成指定的向量. 转置运算符（单引号）“'”可以用来将行向量转置为列向量，或更加复杂的矩阵的转置.

>>x=[1:2:5]'=)x=[1:3:5]

对于特殊的向量和矩阵，Matlab 提供了一些内置函数来创建它们．例如，函数 zeros 可以初始化任何大小的全为零的数组．如果这个函数的参数只是一个标量，将会创建一个方阵，行数和列数均为这个参数．如果这个函数有两个标量参数，那么第一个参数代表行数，第二个参数代表列数．

>>x=zeros(2)=)x=[0 0;0 0]

>>x=zeros(2,3)=)x=[0 0 0;0 0 0]

类似的内置函数还有 ones，eye，用法与 zeros 一致．函数 ones 产生的数组包含的元素全为 1；函数 ones 用来产生单位矩阵，只有主对角线的元素为 1.

4. 向量、矩阵中的元素获取

通过定元素所在的行和列，可以获得矩阵中指定的一个或多个元素．比如可以用以下语句获得矩阵 A=[1 2 3;4 5 6;7 8 9]第一行的第三列元素．

>>x=A(1,3)=)x=3

可以用以下语句获得矩阵 A 的第二行的所有元素．

>>y=A(2,:)=)x=[4 5 6]

其中的冒号“:”表示“所有列”的意思．

A 矩阵的前两行前两列组成的矩阵可通过以下语句获得：

>>z=A(1:2,1:2)=)z=[1 2;4 5]

三、矩阵和数组运算

针对矩阵和数组，Matlab 中有一系列的算术运算、关系运算和逻辑运算．

1. 算术运算

矩阵的基本算术运算主要有加法、减法、乘法、右除、左除、指数和转置运算，运算符号如下：

+ 加法运算

- 减法运算

* 乘法运算

/ 右除运算

\ 左除运算

^ 指数运算

' 转置运算

这些运算的法则都与线性代数中的相同．如果矩阵 A 与矩阵 B 相除，那么必须满足 A 的列数等于 B 的行数，否则 Matlab 会报错．对于左除和右除运算，$x=A\backslash B$ 是 $Ax=B$ 的解，而 $x=b/A$ 是 $xA=b$ 的解．

上面介绍的矩阵运算中的乘除运算都不是针对同阶数组对应分量的运算，而 Matlab 中还有针对同阶数组对应分量的运算，称之为数组的运算，也称为点运算．点运算包括点乘、点除和点乘方．

.x　乘法运算

./　右除运算

.\　左除运算

.^　指数运算

下面给出一个例子来说明矩阵运算和数组运算的区别：

```
>>A=[1 2;3 4]
A=
    1    2
    2    4
>>B=A*A
B=
  7      10
  15     22
>>C=A.*A
C=
  1      4
  9      16
```

2. 关系运算

关系运算是用来判断两同阶数组（或者一个是矩阵，另一个是标量）对应分量间的大小关系的. 关系运算包括以下操作：

<　小于

<=　小于等于

>　大于

>=　大于等于

==　等于

~=　不等于

若参与运算的是两个矩阵，关系运算则是将两个矩阵对应元素逐一进行关系运算，关系运算的结果是一个同维数逻辑矩阵，其元素值只含 0（假）和 1（真）；若参与运算的一个是矩阵，另一个是标量，则关系运算是矩阵中每个元素与该标量进行关系运算，最终产生一个同维数逻辑矩阵，其元素值只含 0（假）和 1（真）. 例如：

```
>>B=[2 1 3 5 4]
>>C=A>B     %C[1>2，3>1，4>3，2>5，5>4]
C=
0 1 1 0 1
>>D=A<=3    %D=[1<=3，3<=3，4<=3，2<=3，5<=3]
D=
1 1 0 1 0
```

需要注意的是=和==的差别：前者是赋值运算；后者是关系运算符“等于”，判断是否相等.

3. 逻辑运算

Matlab 的基本逻辑运算符为：

&（与），|（或），~（非）.

参与逻辑运算的是两个同维数矩阵；或者一个是矩阵，另一个是标量．若参与运算的是两个矩阵，逻辑运算则是将两个矩阵对应元素逐一进行逻辑运算，逻辑运算的结果是一个同维数逻辑矩阵，其元素值只含 0（假）和 1（真）；若参与运算的一个是矩阵，另一个是标量，则逻辑运算是矩阵中每个元素与该标量进行逻辑运算，最终产生一个同维数逻辑矩阵，其元素值只含 0（假）和 1（真）．例如：

```
>>A=[1 3 4 2 5]
>>B=[2 1 3 5 4]
>>C=(A>B)&(A<=3)
C=
0 1 0 0 0
```

逻辑运算常与 Matlab 中的程序控制结构语句（如 if，while 等）相结合.

4. 常用数学函数

Matlab 中包含了大量的内置函数，这些函数的组合可以很方便地完成很多复杂的功能，下面给出几个常用的数学函数：

函数	说明	函数	说明
sin	正弦	asin	反正弦
cos	余弦	acos	反余弦
tan	正切	atan	反正切
cot	余切	acot	反余切
exp	指数函数	sqrt	平方根
log	自然对数	log10	以 10 为底的对数
abs	绝对数	sign	符号函数
min	取小	max	取大
sum	求和		

以上这些函数（除 min，max 和 sum 外）也是针对矩阵对应元素逐一进行函数运算的，比如

```
>>theta=0:pi/3:pi
theta=
    0   1.0472   2.0944   3.1416
>>sin(theta)
    ans=
          0   0.8660   0.8660   0.0000
```

四、例　题

例 4-1 在 $0\leqslant x\leqslant 2\pi$ 区间内，绘制曲线 $y=2\mathrm{e}^{-0.5x}\cos(4\pi x)$.

程序如下：

```
x=0:pi/100:2*pi;                %定义 x 的取值范围
y=2*exp(-0.5*x).*cos(4*pi*x);
plot(x,y)
```

例 4-2 绘制曲线 $\begin{cases} x = t\sin 3t \\ y = t\sin^2 t \end{cases}$.

程序如下：

```
t=0:0.1:2*pi;
x=t.*sin(3*t);
y=t.*sin(t).*sin(t);
plot(x,y)
```

例 4-3 用不同标度在同一坐标内绘制曲线 $y_1 = 0.2\mathrm{e}^{-0.5x}\cos(4\pi x)$ 和 $y_2 = 2\mathrm{e}^{-0.5x}\cos(\pi x)$.

程序如下：

```
x=0:pi/100:2*pi;
y1=0.2*exp(-0.5*x).*cos(4*pi*x);
y2=2*exp(-0.5*x).*cos(pi*x);
plot(x,y1,x,y2)
```

图形结果如图 4-1 所示：

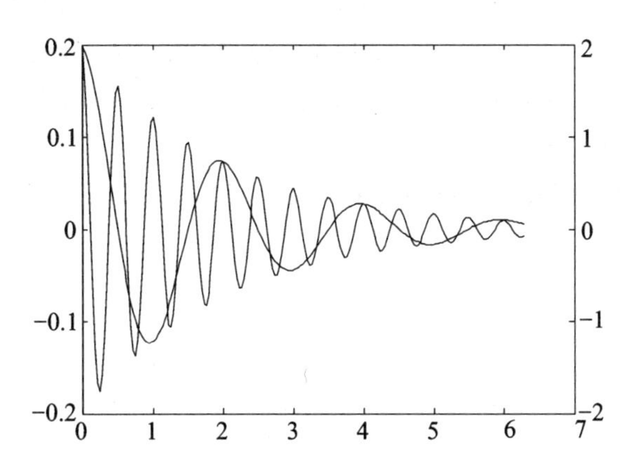

图 4-1 用不同标度在同一坐标内绘制的曲线

例 4-4 采用图形保持，在同一坐标内绘制曲线 $y_1 = 0.2\mathrm{e}^{-0.5x}\cos(4\pi x)$ 和 $y_2 = 2\mathrm{e}^{-0.5x}\cos(\pi x)$.

程序如下：

```
x=0:pi/100:2*pi;
y1=0.2*exp(-0.5*x).*cos(4*pi*x);
plot(x,y1)
hold on
y2=2*exp(-0.5*x).*cos(pi*x);
```

图形结果如图 4-2 所示：

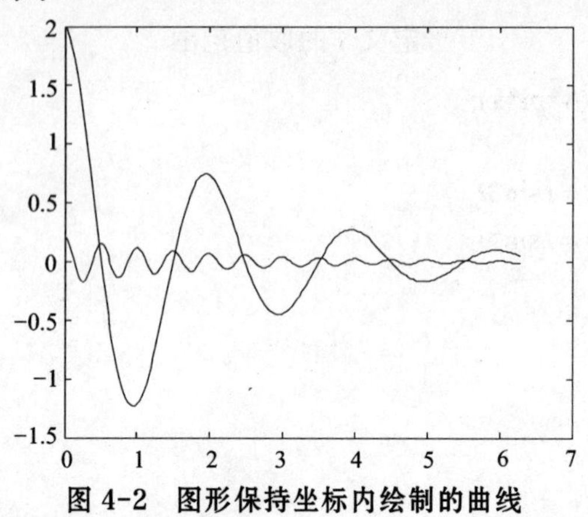

图 4-2 图形保持坐标内绘制的曲线

例 4-5 在同一坐标内，分别用不同线型和颜色绘制曲线 $y_1 = 0.2\mathrm{e}^{-0.5x}\cos(4\pi x)$ 和 $y_2 = 2\mathrm{e}^{-0.5x}\cos(\pi x)$，标记两曲线交叉点.

程序如下：

```
x=linspace(0,2*pi,1000);                %定义 x 的取值范围
y1=0.2*exp(-0.5*x).*cos(4*pi*x);
y2=2*exp(-0.5*x).*cos(pi*x);
k=find(abs(y1-y2)<1e-2);                %查找 y1 与 y2 相等点(近似相等)的下标
x1=x(k);                                %取 y1 与 y2 相等点的 x 坐标
y3=0.2*exp(-0.5*x1).*cos(4*pi*x1);      %求 y1 与 y2 相等点的 y 坐标
plot(x,y1,x,y2,'k:',x1,y3,'bp')
```

例 4-6 在 $0 \leqslant x \leqslant 2\pi$ 区间内，绘制曲线 $y_1 = 2\mathrm{e}^{-0.5x}$ 和 $y_2 = \cos(4\pi x)$，并给图形添加图形标注.

程序如下：

```
x=0:pi/100:2*pi;
y1=2*exp(-0.5*x);
y2=cos(4*pi*x);
plot(x,y1,x,y2)
title('x from 0 to 2{\pi}');            %加图形标题
xlabel('Variable X');                   %加 X 轴说明
ylabel('Variable Y');                   %加 Y 轴说明
text(0.8,1.5,'曲线 y1=2e^{-0.5x}');      %在指定位置添加图形说明
text(2.5,1.1,'曲线 y2=cos(4{\pi}x)');
legend('y1','y2')                       %加图例
```

例 4-7 在同一坐标中绘制 3 个同心圆，并加坐标控制.

程序如下：

```
t=0:0.01:2*pi;
x=exp(i*t);
y=[x;2*x;3*x]';
plot(y)
grid on;                %加网格线
box on;                 %加图形边框
axis equal              %坐标轴采用等刻度
```

例 4-8　用 fplot 函数绘制 $f(x)=\cos(\tan(\pi x))$ 的曲线.

命令如下：

```
fplot('cos(tan(pi*x))',[0,1],1e-4)
```

例 4-9　绘制 $r=\sin(t)\cos(t)$ 的极坐标图，并标记数据点.

程序如下：

```
t=0:pi/50:2*pi;
r=sin(t).*cos(t);
polar(t,r,'-*');
```

例 4-10　分别以条形图、阶梯图、杆图和填充图形式绘制曲线 $y=2\sin(x)$.

程序如下：

```
x=0:pi/10:2*pi;
y=2*sin(x);
subplot(2,2,1);bar(x,y,'g');     % 条形图
title('bar(x,y,''g'')');
axis([0,7,-2,2]);
subplot(2,2,2);
stairs(x,y,'b');     % 阶梯图
title('stairs(x,y,''b'')');
axis([0,7,-2,2]);
subplot(2,2,3);
stem(x,y,'k');     %杆图
title('stem(x,y,''k'')');
axis([0,7,-2,2]);
subplot(2,2,4);
fill(x,y,'y');     %填充图
title('fill(x,y,''y'')');
axis([0,7,-2,2]).
```

图形结果如图 4-3 所示：

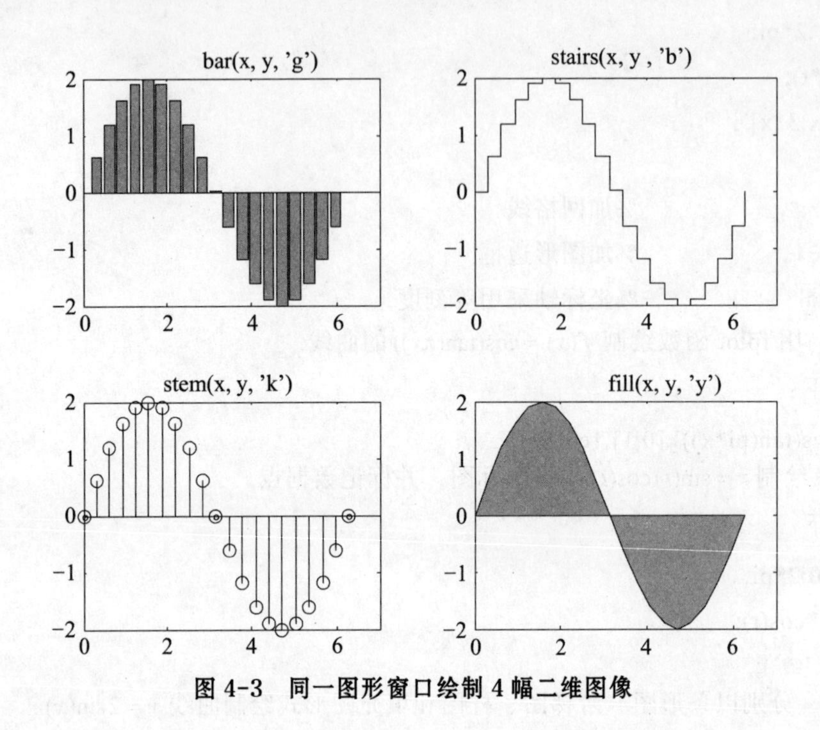

图 4-3 同一图形窗口绘制 4 幅二维图像

例 4-11 绘制图形：

（1）某企业全年各季度的产值（单位：万元）分别为：2347，1827，2043，3025，试用饼图作统计分析.

（2）绘制复数的向量图：7+2.9i，2-3i 和-1.5-6i.

程序如下：

```
subplot(1,2,1);
pie([2347,1827,2043,3025]);
title('饼图');
legend('一季度','二季度','三季度','四季度');
subplot(1,2,2);
compass([7+2.9i,2-3i,-1.5-6i]);
title('向量图');
```

例 4-12 隐函数绘图应用举例.

程序如下:

```
subplot(2,2,1);
ezplot('x^2+y^2-9');
axis equal
subplot(2,2,2);
ezplot('x^3+y^3-5*x*y+1/5')
```

```
subplot(2,2,3);
ezplot('cos(tan(pi*x))',[ 0,1])
subplot(2,2,4);
ezplot('8*cos(t)','4*sqrt(2)*sin(t)',[0,2*pi])
```

例 4-13　绘制三维曲线。

程序如下:

```
t=0:pi/100:20*pi;
x=sin(t);
y=cos(t);
z=t.*sin(t).*cos(t);
plot3(x,y,z);
title('Line in 3-D Space');
xlabel('X');
ylabel('Y');
zlabel('Z');
grid on;
```

例 4-14　绘制三维图形：

（1）绘制魔方阵的三维条形图.

（2）以三维杆图形式绘制曲线 y=2sin(x).

（3）已知 x=[2347，1827，2043，3025]，绘制饼图.

（4）用随机的顶点坐标值画出五个黄色三角形.

程序如下：

```
subplot(2,2,1);
bar3(magic(4))
subplot(2,2,2);
y=2*sin(0:pi/10:2*pi);
stem3(y);
subplot(2,2,3);
pie3([2347,1827,2043,3025]);
subplot(2,2,4);
fill3(rand(3,5),rand(3,5),rand(3,5),'y')
```

图形结果如图 4-4 所示：

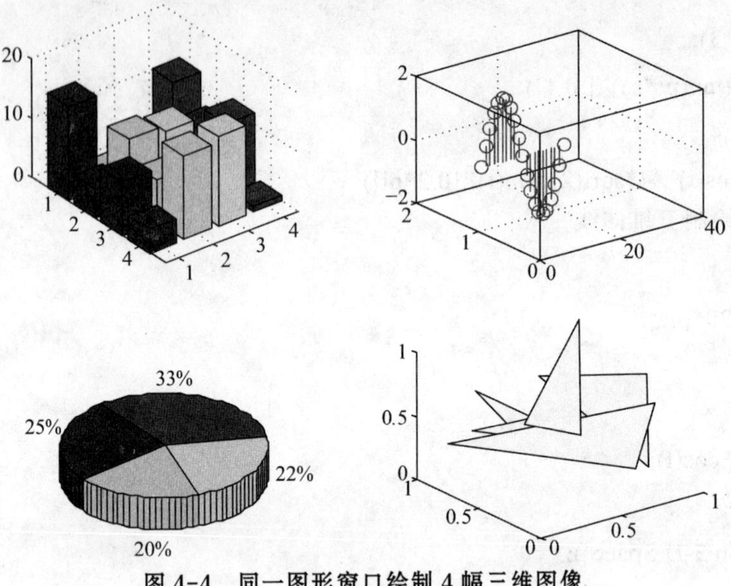

图 4-4　同一图形窗口绘制 4 幅三维图像

第二节　Lingo 软件

一、Lingo 基础知识讲解

Lingo 是 Linear Interactive and General Optimizer 的缩写，即“交互式的线性和通用优化求解器”，由美国 LINDO 系统公司（Lindo System Inc.）推出，可以用于求解非线性规划，也可以用于求解一些线性和非线性方程组等. 其功能十分强大，是求解优化模型的最佳选择. 其特色在于内置建模语言，提供十几个内部函数，可以允许决策变量是整数（即整数规划，包括 0-1 整数规划），方便灵活，而且执行速度非常快，能方便与 Excel、数据库等其他软件交换数据.

二、Lingo 函数

Lingo 有九种类型的函数：

（1）基本运算符：包括算术运算符、逻辑运算符和关系运算符.

（2）数学函数：三角函数和常规的数学函数.

（3）金融函数：Lingo 提供的两种金融函数.

（4）概率函数：Lingo 提供了大量与概率相关的函数.

（5）变量界定函数：这类函数用来定义变量的取值范围.

（6）集操作函数：这类函数为对集的操作提供帮助.

（7）集循环函数：遍历集的元素，执行一定的操作的函数.

（8）数据输入输出函数：这类函数允许模型和外部数据源相联系，进行数据的输入输出.

（9）辅助函数：各种杂类函数.

1. 基本运算符

1）算术运算符

算术运算符是针对数值进行的操作. Lingo 提供了五种二元运算符：

^ 乘方

* 乘

/ 除

+ 加

- 减

Lingo 唯一的一元算术运算符是取反函数“-”.

这些运算符的优先级由高到低为：

高 -（取反）

^

* /

低 + −

运算符的运算次序为从左到右按优先级高低来执行. 运算的次序可以用圆括号“( )”来改变.

2）逻辑运算符

在 Lingo 中，逻辑运算符主要用于集循环函数的条件表达式中，以便控制函数中哪些集成员被包含，哪些被排斥. 在创建稀疏集时用在成员资格过滤器中.

Lingo 具有 9 种逻辑运算符：

#not# 否定该操作数的逻辑值，#not# 是一个一元运算符

#eq# 若两个运算数相等，则为 true；否则为 false

#ne# 若两个运算数不相等，则为 true；否则为 false

#gt# 若左边的运算数严格大于右边的运算数，则为 true；否则为 false

#ge# 若左边的运算数大于或等于右边的运算数，则为 true；否则为 false

#lt# 若左边的运算数严格小于右边的运算数，则为 true；否则为 false

#le# 若左边的运算数小于或等于右边的运算数，则为 true；否则为 false

#and# 仅当两个参数都为 true 时，结果为 true；否则为 false

#or# 仅当两个参数都为 false 时，结果为 false；否则为 true

这些运算符的优先级由高到低为：

高 #not# #eq# #ne# #gt# #ge# #lt# #le#

低 #and# #or#

字母缩写辅助：g：greater，l：less，e：equal，t：than，n：not

3）关系运算符

在 Lingo 中，关系运算符主要用于模型中，以便指定一个表达式的左边是否等于、小于等于或者大于等于右边，形成模型的一个约束条件. 关系运算符与逻辑运算符#eq#、#le#、#ge#截然不同，前者是模型中该关系运算符所指定关系的为真描述，而后者仅仅判断该关系是否被满足：满足为真，不满足为假.

Lingo 有三种关系运算符：“=”“<=”“>=”.

Lingo 中还能用“<”表示小于等于关系，“>”表示大于等于关系.

Lingo 并不支持严格小于和严格大于关系运算符．然而，如果需要严格小于和严格大于关系，比如让 A 严格小于 B：A<B，那么可以把它变成如下的小于等于表达式：A+符号<=B. 这里符号是一个小的正数，它的值依赖于模型中 A 小于 B 多少才算不等.

下面给出以上三类操作符的优先级：

高 #not# -（取反）

^

* /

\+ -

#eq# #ne# #gt# #ge# #lt# #le#

#and# #or#

低 <= = >=

2. 数学函数

Lingo 提供了大量的标准数学函数：

@abs(x) 返回 x 的绝对值

@sin(x) 返回 x 的正弦值，x 采用弧度制

@cos(x) 返回 x 的余弦值

@tan(x) 返回 x 的正切值

@exp(x) 返回常数 e 的 x 次方

@log(x) 返回 x 的自然对数

@lgm(x) 返回 x 的 gamma 函数的自然对数

@sign(x) 如果 $x<0$ 返回-1；否则，返回 1

@floor(x) 返回 x 的整数部分．当 $x\geqslant 0$ 时，返回不超过 x 的最大整数；当 $x<0$ 时，返回不低于 x 的最大整数

@smax(x1, x2, …, xn) 返回 x_1, x_2, …, x_n 中的最大值

@smin(x1, x2, …, xn) 返回 x_1, x_2, …, x_n 中的最小值

3. 概率函数

（1）@pbn(p, n, x)

二项分布的累积分布函数．当 n 和（或）x 不是整数时，用线性插值法进行计算.

（2）@pcx(n, χ)

自由度为 n 的 χ^2 分布的累积分布函数.

（3）@peb(a, x)

当达到负荷为 a，服务系统有 x 个服务器且允许无穷排队时的 Erlang 繁忙概率.

（4）@pel(a, x)

当达到负荷为 a，服务系统有 x 个服务器且不允许排队时的 Erlang 繁忙概率.

（5）@pfd(n, d, x)

自由度为 n 和 d 的 F 分布的累积分布函数.

（6）@pfs(a, x, c)

当负荷上限为 a，顾客数为 c，平行服务器数量为 x 时，有限源的 Poisson 服务系统的等待或返修顾客数的期望值. a 是顾客数乘以平均服务时间，再除以平均返修时间. 当 c 和（或）x 不是整数时，采用线性插值进行计算.

（7）@phg(pop, g, n, x)

超几何（hypergeometric）分布的累积分布函数，其中 pop 表示产品总数，g 是正品数. 它表示从所有产品中任意取出 $n(n \leqslant \text{pop})$件. pop，$g$，$n$ 和 x 都可以是非整数，这时采用线性插值进行计算.

（8）@ppl(a, x)

Poisson 分布的线性损失函数，即返回 max(0, z-x)的期望值，其中随机变量 z 服从均值为 a 的 Poisson 分布.

（9）@pps(a, x)

均值为 a 的 Poisson 分布的累积分布函数. 当 x 不是整数时，采用线性插值进行计算.

（10）@psl(x)

单位正态线性损失函数，即返回 max(0, z-x)的期望值，其中随机变量 z 服从标准正态分布.

（11）@psn(x)

标准正态分布的累积分布函数.

（12）@ptd(n, x)

自由度为 n 的 t 分布的累积分布函数.

（13）@qrand(seed)

产生服从(0, 1)区间的拟随机数. @qrand 只允许在模型的数据部分使用，它将用拟随机数填满集属性. 通常，声明一个 $m \times n$ 的二维表，m 表示运行实验的次数，n 表示每次实验所需的随机数的个数. 在行内，随机数是独立分布的；在行间，随机数是非常均匀的. 这些随机数是用“分层取样”的方法产生的.

（14）@rand(seed)

返回 0 和 1 间的伪随机数，依赖于指定的种子. 典型用法是 U(I+1)=@rand[U(I)]. 注意如果 seed 不变，产生的随机数也不变.

4. 变量界定函数

变量界定函数实现对变量取值范围的附加限制，共 4 种：

@bin(x)	限制 x 为 0 或 1
@bnd(L, x, U)	限制 $L \leqslant x \leqslant U$
@free(x)	取消对变量 x 的默认下界为 0 的限制，即 x 可以取任意实数
@gin(x)	限制 x 为整数

在默认情况下，Lingo 规定变量是非负的，也就是说下界为 0，上界为 $+\infty$. @free 取消了默认的下界为 0 的限制，使变量也可以取负值. @bnd 用于设定一个变量的上下界，它也可以取消默认下界为 0 的约束.

5. 集操作函数

Lingo 提供了几个函数帮助处理集.

（1）@in(set_name, primitive_set_index_1[, primitive_index_2,…])

如果元素在指定集中，返回 1；否则返回 0.

（2）@index([set_name,]primitive_set_element)

该函数返回在集 set_name 中原始集成员 primitive_set_element 的索引. 如果 set_name 被忽略，那么 Lingo 将返回与 primitive_set_element 匹配的第一个原始集成员的索引. 如果找不到，则产生一个错误.

（3）@wrap(index,limit)

该函数返回 j=index-k*limit，其中 k 是一个整数，取适当值保证 j 落在区间[1, limit]内，该函数相当于 index 模 limit. 该函数在循环、多阶段计划编制中特别有用.

（4）@size(set_name)

该函数返回集 set_name 的成员个数. 在模型中明确给出集大小时最好使用该函数. 它的使用使模型数据更加中立，集大小改变时也更易维护.

6. 输入和输出函数

输入和输出函数可以把模型和外部数据比如文本文件、数据库和电子表格等连接起来.

1）@file 函数

该函数用于从外部文件中输入数据，它可以放在模型中的任何地方. 该函数的语法格式为

@file('filename').

这里 filename 是文件名，可以采用相对路径和绝对路径两种表示方法. @file 函数对同一文件的两种表示方式的处理和对两个不同文件的处理是一样的，这一点必须注意.

记录结束标记（~）之间的数据文件部分称为记录. 如果数据文件中没有记录结束标记，那么整个文件被看作单个记录. 注意到除了记录结束标记外，模型的文本和数据同它们直接放在模型里是一样的.

我们来看一下在数据文件中的记录结束标记连同模型中@file 函数调用是如何工作的. 当在模型中第一次调用@file 函数时，Lingo 打开数据文件，然后读取第一个记录；第二次调用@file 函数时，Lingo 读取第二个记录，等等. 文件的最后一条记录可以没有记录结束标记，当遇到文件记录结束标记时 Lingo 会读取最后一条记录，然后关闭文件. 如果多个文件都保持打开状态，可能会出现一些问题，因为这会使同时打开的文件总数超过允许同时打开文件的上限 16.

当用@file 函数时，可把记录的内容（除了一些记录结束标记外）看作替代模型中@file（'filename'）位置的文本. 也就是说，一条记录可以是声明的一部分，也可以是整个声明或一系列声明. 在数据文件中注释被忽略. 注意在 Lingo 中不允许嵌套调用@file 函数.

2）@text 函数

该函数用于数据部分，用来把解输出至文本文件中. 它可以输出集成员和集属性值. 其语法为

@text（['filename']），
这里 filename 是文件名，可以采用相对路径和绝对路径两种表示方式. 如果忽略 filename，那么数据就被输出到标准输出设备（大多数情形都是屏幕）. @text 函数仅能出现在模型数据部分的一条语句的左边，右边是集名（用来输出该集的所有成员名）或集属性名（用来输出该集属性的值）.

用接口函数产生输出的数据声明称为输出操作. 输出操作仅当求解器求解完模型后才执行，执行次序取决于其在模型中出现的先后顺序.

3）@OLE 函数

@OLE 是从 Excel 中引入或输出数据的接口函数，它是基于传输的 OLE 技术. OLE 传输直接在内存中传输数据，并不借助于中间文件. 当使用@OLE 时，Lingo 先装载 Excel，再通知 Excel 装载指定的数据表，最后从电子数据表中获得 Ranges. 为了使用 OLE 函数，必须有 Excel5 及其以上版本. OLE 函数可在数据部分和初始部分引入数据.

@OLE 可以同时读集成员和集属性，集成员最好用文本格式，集属性最好用数值格式. 原始集每个集成员需要一个单元（cell），而对于 n 元的派生集中每个集成员需要 n 个单元，这里第一行的 n 个单元对应派生集的第一个集成员，第二行的 n 个单元对应派生集的第二个集成员，依此类推.

@OLE 只能读一维或二维的 Ranges（在单个的 Excel 工作表中），但不能读间断的或者三维的 Ranges. Ranges 是自左而右、自上而下来读.

4）@ranged(variable_or_row_name)

为了保持最优基不变，变量的费用系数或约束行的右端项允许减少的量.

5）@rangeu(variable_or_row_name)

为了保持最优基不变，变量的费用系数或约束行的右端项允许增加的量.

6）@status（ ）

返回 Lingo 求解模型结束后的状态：

0 Global Optimun（全局最优）

1 Infeasible（不可行）

2 Unbounded（无界）

3 Undetermined（不确定）

4 Feasible（可行）

5 Infeasible or Unbounded（通常需要关闭"预处理"选项后重新求解模型，以确定模型究竟是不可行还是无界）

6 local Optimun（局部最优）

7 locally Infeasible（局部不可行，尽管可行解可能存在，但是 Lingo 并没有找到一个）

8 Cutoff（目标函数的截断值被达到）

9 Numeric Error（求解器因在某约束中遇到无定义的算术运算而停止）

通常，如果返回值不是 0，4 或 6 时，那么解将不可信，几乎不能用. 该函数仅用于模型的数据部分来输出数据.

7. 辅助函数

（1）@if(logical_condition, true_result, false_result)

@if 函数评价一个逻辑表达式 logical_condition，如果为真，返回 true_result，否则返回 false_result.

（2）@warn('text', logical_condition)

如果逻辑条件 logical_condition 为真，将产生一个内容为“text”的信息框.

Lingo 注意事项：

（1）Lingo 中模型以“model:”开始．以“end”结束，对于简单的模型，这两个语句都可以省略.

（2）Lingo 中每行后面均增加了一个分号“;”

（3）所有符号都需在英文状态下输入.

（4）min=函数，max=函数，表示求函数的最小值、最大值.

（5）Lingo 中变量不区分大小写，变量名可以超过 8 个，不能超过 32 个，需以字母开头.

（6）用 Lingo 解优化模型时已假定所有变量非负，如果想解除这个限制可以用函数 @free(x)，这样 x 可以取任意实数.

（7）变量可以放在约束条件右边，同时数字也可以放在约束条件左边.

（8）Lingo 模型语句由一系列语句组成，每一个语句都必须以“;”结束.

（9）Lingo 语句以“!”开头的是说明语句，说明语句也以”;”结束.

三、例　题

Lingo 是用来求解线性和非线性优化问题的简易工具. Lingo 内置了一种建立最优化模型的语言，可以简便地表达大规模问题. 利用 Lingo 高效的求解器可快速求解并分析结果.

下面用一些实例来帮助大家理解.

例 4-15　简单线性规划求解.

目标函数的最大值：

$$\max z = 4x_1 + 3x_2$$

约束条件：

$$\begin{cases} 2x_1 + x_2 \leqslant 10 \\ x_1 + x_2 \leqslant 8 \\ x_2 \leqslant 7 \\ x_1, x_2 \geqslant 0 \end{cases}$$

Lingo 程序

```
model:
max=4*x1+3*x2;
2*x1+x2<10;
x1+x2<8;
x2<7;
```

end

注：Lingo 中 "<" 代表 "<="，同理.

Lingo 中默认的变量都是大于等于 0 的，不用显示给出.

求解结果：

z=26，x1=2，x2=6

例 4-16　整数规划求解：

$$\max z = 40x_1 + 90x_2$$
$$\text{s.t.}\begin{cases} 9x_1 + 7x_2 \leqslant 56 \\ 7x_1 + 20x_2 \leqslant 70 \\ x_1, x_2 \geqslant 0 \end{cases}$$

Lingo 程序

```
model:
max=40*x1+90*x2;
9*x1+7*x2<56;
7*x1+20*x2<70;
@gin(x1);@gin(x2);
end
```

求解结果：

z=340，x1=4，x2=2

例 4-17　0-1 规划求解：

$$\max f = x_1^2 + 0.4x_2 + 0.8x_3 + 1.5x_4$$
$$\text{s.t.}\begin{cases} 3x_1 + 2x_2 + 6x_3 + 10x_4 \leqslant 10 \\ x_1, x_2, x_3, x_4 = 0\text{或}1 \end{cases}$$

Lingo 程序

```
max=x1^2+0.4*x2+0.8*x3+1.5*x4;
3*x1+2*x2+6*x3+10*x4<10;
@bin(x1);@bin(x2);@bin(x3);@bin(x4);
end
```

求解结果：

f=1.8，x1=1，x2=0，x3=1，x4=0

例 4-18　非线性规划求解：

$$\min z = |x_1| - 2|x_2| - 3|x_3| + 4|x_4|$$
$$\text{s.t.}\begin{cases} x_1 - x_2 - x_3 + x_4 = 0 \\ x_1 - x_2 + x_3 - 3x_4 = 1 \\ x_1 - x_2 - 2x_3 + 3x_4 = -\dfrac{1}{2} \end{cases}$$

Lingo 程序

```
model:
max=@abs(x1)-2*@abs(x2)-3*@abs(x3)+4@abs(x4);
x1-x2-x3+x4=0;
x1-x2+x3-3*x4=1;
x1-x2-2*x3+3*x4=-1/2
@free(x1);@free(x2);@free(x3);@free(x4);
end
```

求解结果：

z=1.25，x1=0.25，x2=0，x3=0，x4=-0.25

第三节 SPSS 软件使用简介

SPSS 是“社会科学统计软件包”（Statistical Package for the Social Science）的简称，是一种集成化的计算机数据处理应用软件.

一、SPSS 操作入门

1. SPSS 安装、启动与退出

（1）安装：开机启动 Windows 后，把 SPSS 光盘放入光驱中，执行 setup 程序的操作步骤.

（2）启动：找到 SPSS 的图标，双击鼠标即可进入 SPSS 功能图标窗口.

（3）退出：用“File”菜单中的“Exit”，或用系统屏幕主画面左上角的窗口控制菜单图标，退出 SPSS 系统.

2. 功能菜单

SPSS 由 10 个菜单项组成，具体功能简述如下：

（1）File（文件）：进行文件的创建、调入、存储、显示和打印等操作.

（2）Edit（编辑）：进行文本或数据的选择、剪切、复制、粘贴、清除、查找及属性设置等操作.

（3）View（视图）：页面定义，包含工具栏、字体、字号等.

（4）Data（数据）：进行数据变量的名称、格式定义，数据资料的选择、排序、加权及数据文件的转换、连接、汇总等操作.

（5）Transform（转换）：进行数据的计算、重赋新值、缺省值替换等操作.

（6）Statistics（统计分析）：对已录入的数据进行统计分析，并给出分析结果.

（7）Graphs（统计图表）：统计图表的制作和处理.

（8）Utilities（应用工具）：进行变量注释、文件信息、定义变量集和菜单等操作.

（9）Windows（窗口）：定义窗口.

（10）Help（帮助）：SPSS 软件的操作说明和开发、用户信息.

二、SPSS 功能及基本应用

（1）SPSS 软件包含了大多数统计分析方法．主要对原始数据进行整理和初步分析．对数据进行比较，求均值、标准差及各类相对数等进一步的统计分析包括 t 检验和 ANOVA/MANOVA（单因素/多因素方差分析）等．

（2）非参数统计：包括常用的各类卡方检验、频数分布，拟合优度检验及各种样本的秩检验．

（3）相关和回归分析：有简单相关系数的计算和检验，适用于双变量正态分布资料．回归分析包括线性/直线回归、曲线回归分析、权重分析、Logistic 分析、最小二乘法等．

（4）多变量分析：是研究多因素和多指标问题的统计方法，主要有聚类分析、判别分析、因子分析、多元回归分析及逐步回归等．

（5）时间序列及预测：时间序列是按时间顺序排列的随机变量的一组实测值．

（6）统计图形功能：统计图能一目了然地直观反映数量关系，其制作的图形精确度、美观度都相当不错．SPSS 的图形制作分几个步骤：① 建立数据文件；② 录入/调用数据；③ 生成图形；④ 修饰生成的图形．

（7）文本、结果输出：SPSS 的输出窗与 Netscape Navigator 同名，其菜单命令与数据编辑窗口相似，减少了几个选项，增加了 Insert 功能，以方便新标题、文本、图表等的插入．同时还可以对图形进行转换修整．

三、SPSS 数据文件的建立和数据录入

首先，进入 SPSS 软件，双击桌面上的 SPSS 图标，或者从“开始”菜单→“所有程序”→“SPSS Statistics”→“SPSS Statistics”图标进入软件．

在软件界面中，除了看到与一般软件相同的菜单、快捷按钮以外，还可以看到灰色的“变量（英文界面是 Var）”和“1，2，3”，它们分别代表变量和案例．由于还没有建立任何变量和案例，所以这些都是灰色的．在界面的右上角可以看到“Visible：0 of 0 Variables”，它表明数据中共有 0 个变量，可见的是 0 个变量．

建立 SPSS 数据文件与建立一般的数据库文件基本相同，主要有两个步骤：

Step1：定义文件的数据结构；

Step2：录入数据．

接下来就在 SPSS 中定义变量的结构．软件操作界面左下角有两个类似 Excel 工作表一样的选项卡，分别叫作【Data View】和【Variable View】，其作用和 Excel 工作表的平行数据表大不相同，有着严格的分工：【Variable View】称为【变量视图】，专门用于定义 SPSS 变量的结构，而【Data View】称为【数据视图】，用于对案例的录入．换言之，变量视图只用于定义结构，不能用于录入数据；相反，数据视图只用于录入数据，不能定义变量结构，对于不同的操作要在不同的视图中完成．

点击【Variable View】选项卡，可以看到在此视图中，每一行代表一个变量，“Name”菜单表示变量名称，可以用英文字母、数字和下划线给变量命名，也可用中文命名，但是不推荐使用中文作为变量名．

“Type”表示变量类型，总共有“Numeric”数值型、“Comma”逗号型、“String”字符

串型等 8 种类型供选择，一般使用数值型就可以了. 需要特别说明的是，字符串型变量不能用 SPSS 进行分析，只能起案例名称标注的作用，因此要分析的变量都要转化为数值型变量.

“Label”变量名标签的作用非常巨大，由于变量名标签和变量是绑定显示的，在变量分析和显示分析结果时可以一目了然地了解变量的含义，因此，SPSS 的使用者要养成给变量添加变量名标签的习惯.

“Value”变量值标签也是非常重要的. 对于分类变量和定序变量，一般只能取有限的几个值，然而前面已经介绍了只有对其进行编码才能用于 SPSS 分析，这可以通过编制变量值标签来实现，还要说明每个取值代表什么含义.

现在开始变量录入工作了. 如果说变量结构定义是设计整个数据文件的框架和大梁，那么现在的工作就是往框架中添砖加瓦，这是整个数据录入阶段最基础，也是最累人，工作量最大的操作了，但是没有办法，只有将一条条案例手工录入. 这个和任意一个数据录入软件（如 Excel）没有太大差异.

SPSS 的文件合并分为纵向合并和横向合并，因为纵向合并是在已有数据的下面增加案例，所以称为“Add Cases”；同理，横向合并是在已有数据的右边增加变量，因此称为“Add Variables”. 究竟采用横向合并还是纵向合并要根据待合并文件的结构和数据录入的分工情况来决定.

如果数据录入分工情况是每人录入一部分案例（通常的情形），那么待合并文件的结构就是所有的变量相同，但案例不同，此时应使用纵向合并以增加案例；如果数据录入分工情况是每人录入一部分变量（当然这样做效率比较低），那么待合并文件的结构就是所有的案例相同，但变量不同，当然应选横向合并以增加变量.

第五章　论文格式规范及优秀参赛论文简述

第一节　数学建模竞赛简介

1985 年，美国首次发起并举办一年一度大学生数学模型竞赛（MCM）活动．该项比赛在国际上产生了很大影响，现已成为国际性的大学生的一项著名赛事．

中国大学生自 1989 年首次参加这一竞赛以来，在美国大学生数学建模竞赛中表现出强大的竞争力和创新联想能力，历届均取得优异成绩．为使这一赛事更广泛地展开，先由中国工业与应用数学学会于 1990 年发起,后与国家教委于 1992 年联合主办全国大学生数学建模竞赛(简称 CMCM),(简称 CMCM)，现在全国大学生数学建模竞赛是全国高校规模最大的课外科技活动之一．该竞赛于每年 9 月（一般在第二周周末的星期五 8:00 至下周星期一 8:00，共 3 天，72 小时）举行，竞赛面向全国大专院校学生，不分专业（但竞赛分本科组、专科组，本科组竞赛所有本、专科大学生均可参加，专科组竞赛只有专科生（包括高职、高专生）可以参加）．

数学模型竞赛与通常的数学竞赛不同，它来自实际问题或有明确的实际背景．它的宗旨是培养大学生用数学方法解决实际问题的意识和能力，整个赛事就是完成一篇包括问题的阐述分析、模型的假设和建立、计算结果及讨论的论文．通过训练和比赛，使同学们不仅在用数学方法解决实际问题的意识和能力有了很大提高，而且在团结合作发挥集体力量攻关，以及撰写科技论文等方面都得到了十分有益的锻炼．

第二节　论文格式规范

全国大学生数学建模竞赛论文格式规范

（全国大学生数学建模竞赛组委会，2016 年修订稿）

为了保证竞赛的公平、公正性，便于竞赛活动的标准化管理，根据评阅工作的实际需要，竞赛要求参赛队分别提交纸质版和电子版论文，特制定本规范．

一、纸质版论文格式规范

第一条，论文用白色 A4 纸打印(单面、双面均可)；上下左右各留出至少 2.5 厘米的页边距；从左侧装订．

第二条，论文第一页为承诺书，第二页为编号专用页，具体内容见本规范第 3、4 页．

第三条，论文第三页为摘要专用页（含标题和关键词，但不需要翻译成英文），从此页开始编写页码；页码必须位于每页页脚中部，用阿拉伯数字从“1”开始连续编号．摘要专用页必须单独一页，且篇幅不能超过一页.

第四条，从第四页开始是论文正文（不要目录，尽量控制在 20 页以内）；正文之后是论文附录（页数不限）.

第五条，论文附录至少应包括参赛论文的所有源程序代码，如实际使用的软件名称、命令和编写的全部可运行的源程序（含 Excel、SPSS 等软件的交互命令）；通常还应包括自主查阅使用的数据等资料. 赛题中提供的数据不要放在附录. 如果缺少必要的源程序或程序不能运行，可能会被取消评奖资格. 论文附录必须打印装订在论文纸质版中. 如果确实没有需要以附录形式提供的信息，论文可以没有附录.

第六条，论文正文和附录不能有任何可能显示答题人身份和所在学校及赛区的信息.

第七条，引用别人的成果或其他公开的资料（包括网上资料）必须按照科技论文写作的规范格式列出参考文献，并在正文引用处予以标注.

第八条，本规范中未作规定的，如排版格式（字号、字体、行距、颜色等）不做统一要求，可由赛区自行决定. 在不违反本规范的前提下，各赛区可以对论文增加其他要求.

二、电子版论文格式规范

第九条，参赛队应按照《全国大学生数学建模竞赛报名和参赛须知》的要求命名和提交以下两个电子文件，分别对应于参赛论文和相关的支撑材料.

第十条，参赛论文的电子版不能包含承诺书和编号专用页（即电子版论文第一页为摘要页）. 除此之外，其内容及格式必须与纸质版完全一致（包括正文及附录），且必须是一个单独的文件，文件格式只能为 PDF 或者 Word 格式之一（建议使用 PDF 格式），不要压缩，文件大小不要超过 20MB.

第十一条，支撑材料（不超过 20MB）包括用于支撑论文模型、结果、结论的所有必要文件，至少应包含参赛论文的所有源程序，通常还应包含参赛论文使用的数据（赛题中提供的原始数据除外）、较大篇幅的中间结果的图形或表格、难以从公开渠道找到的相关资料等. 所有支撑材料使用 WinRAR 软件压缩在一个文件中（后缀为 RAR）；如果支撑材料与论文内容不相符，该论文可能会被取消评奖资格. 支撑材料中不能包含承诺书和编号专用页，不能有任何可能显示答题人身份和所在学校及赛区的信息. 如果确实没有需要提供的支撑材料，可以不提供支撑材料.

三、本规范的实施与解释

第十二条，不符合本格式规范的论文将被视为违反竞赛规则，可能被取消评奖资格.

第十三条，本规范的解释权属于全国大学生数学建模竞赛组委会.

说明：

（1）本科组参赛队从 A、B 题中任选一题，专科组参赛队从 C、D 题中任选一题.

（2）赛区可自行决定是否在竞赛结束时收集参赛论文的纸质版，但对于送全国评阅的论文，赛区必须提供符合本规范要求的纸质版论文（承诺书由赛区组委会保存，不必提交给全国组委会）.

（3）赛区评阅前将纸质版论文第一页（承诺书）取下保存，同时在第一页和第二页建立“赛区评阅编号”（由各赛区规定编号方式），“赛区评阅纪录”表格可供赛区评阅时使用（由各赛区自行决定是否使用）. 评阅后，赛区对送全国评阅的论文在第二页建立“送全国评阅统一编号”（编号方式由全国组委会规定），然后送全国评阅.

第三节　优秀论文

一、2015 年高教社杯全国大学生数学建模竞赛题目

A 题　太阳影子定位

如何确定视频的拍摄地点和拍摄日期是视频数据分析的重要方面，太阳影子定位技术就是通过分析视频中物体的太阳影子变化，确定视频拍摄的地点和日期的一种方法.

1. 建立影子长度变化的数学模型，分析影子长度关于各个参数的变化规律，并应用你们建立的模型画出 2015 年 10 月 22 日北京时间 9:00-15:00 天安门广场（北纬 39 度 54 分 26 秒，东经 116 度 23 分 29 秒）3 米高的直杆的太阳影子长度的变化曲线.

2. 根据某固定直杆在水平地面上的太阳影子顶点坐标数据，建立数学模型确定直杆所处的地点. 将你们的模型应用于附件 1 的影子顶点坐标数据，给出若干个可能的地点.

3. 根据某固定直杆在水平地面上的太阳影子顶点坐标数据，建立数学模型确定直杆所处的地点和日期. 将你们的模型分别应用于附件 2 和附件 3 的影子顶点坐标数据，给出若干个可能的地点与日期.

4. 附件 4 为一根直杆在太阳下的影子变化的视频，并且已通过某种方式估计出直杆的高度为 2 米. 请建立确定视频拍摄地点的数学模型，并应用你们的模型给出若干个可能的拍摄地点.

如果拍摄日期未知，你能否根据视频确定出拍摄地点与日期?

B 题　“互联网+”时代的出租车资源配置

出租车是市民出行的重要交通工具之一，“打车难”是人们关注的一个社会热点问题. 随着“互联网+”时代的到来，有多家公司依托移动互联网建立了打车软件服务平台，实现了乘客与出租车司机之间的信息互通，同时推出了多种出租车的补贴方案.

请你们搜集相关数据，建立数学模型研究如下问题：

（1）试建立合理的指标，并分析不同时空出租车资源的“供求匹配”程度.

（2）分析各公司的出租车补贴方案是否对“缓解打车难”有帮助?

（3）如果要创建一个新的打车软件服务平台，你们将设计什么样的补贴方案，并论证其合理.

二、2015 年全国竞赛优秀参赛论文

太阳影子定位问题的研究

队　　员：黄景伟　何　鹏　刘　洁
指导老师：刘自山

（2015 年全国一等奖）

【摘　要】 本文研究了根据太阳影子定位的问题，在合理的假设下，采用了逐层分析法、搜索算法、区间遗传算法等方法，建立了影长参数变化、全局最优搜索、区间最优搜索等模

型，较好地解决了影子变化规律、不同条件下直杆所处地点的问题.

针对问题一，通过分析杆影变化几何规律，建立基于三角函数关系的影子长度变化基本模型，结合逐层分析法，确定影响影子长度的参数：经度、纬度、时间、日期、杆长，从而建立影子长度与各参数之间的关系式；接着采用单一变量法，得到不同情况下影子关于各参数的变化规律；最后绘制出 2015 年 10 月 22 日北京时间 9:00-15:00 天安门广场上 3 米高的直杆的太阳影子长度变化曲线，见图 3-10.

针对问题二，由于杆长和坐标系构建方向未知，故存在两种坐标系构建方法：借助相同时间段内方向角变化量的等式关系建立方程；结合问题一的模型，在一定经纬度范围内，通过全局搜索算法，得到与实际数据误差最小的两个点：（109°12′E，18°12′N），（104°24′E，0°54′N）.

针对问题三，在问题二的基础上增加了未知参数——时间. 为了提高算法执行效率，建立区间遗传算法模型，首先根据区间搜索算法缩小全局最优解的范围，接着采用遗传算法在该范围内求得全局最优解，得到可能的地点与日期，见表 5-1 和表 5-2.

针对问题四，对附件四视频进行预处理，设置单帧图像提取时间间隔为 3 分钟，通过灰度转换、均衡化、二值化等一系列图像处理方法，得出各时刻影子长度数据；然后结合问题一模型，得到各时刻的太阳高度角；基于第二问中的最优搜索思想，在一定经纬度范围内搜索全局最优解，即可能拍摄地点；具体地点为：（110°54′E，40°24′N），（111°E，40°54′N），（111°6′E，41°24′N），（111°12′E，41°48′N）；当拍摄时期未知时，根据区间遗传算法模型，求得可能的拍摄地点与日期，结果见表 6-2.

最后，对结果进行了合理性检验，对模型进行了评价分析与优化，并说明了本文的实际意义及应用推广.

【关键词】高度角　方向角　全局最优搜索　区间遗传算法模型　图像提取

1. 问题的提出

如何确定视频的拍摄地点和拍摄日期是视频数据分析的重要方面，太阳影子定位技术就是通过分析视频中物体的太阳影子变化，确定视频拍摄的地点和日期的一种方法.

（1）建立影子长度变化的数学模型，分析影子长度关于各个参数的变化规律，并应用你们建立的模型画出 2015 年 10 月 22 日北京时间 9:00-15:00 天安门广场（北纬 39°54′26″，东经 116°23′29″）3 米高的直杆的太阳影子长度的变化曲线.

（2）根据某固定直杆在水平地面上的太阳影子顶点坐标数据，建立数学模型确定直杆所处的地点. 将你们的模型应用于附件 1 的影子顶点坐标数据，给出若干个可能的地点.

（3）根据某固定直杆在水平地面上的太阳影子顶点坐标数据，建立数学模型确定直杆所处的地点和日期. 将你们的模型分别应用于附件 2 和附件 3 的影子顶点坐标数据，给出若干个可能的地点与日期.

（4）附件 4 为一根直杆在太阳下的影子变化的视频，并且已通过某种方式估计出直杆的高度为 2 米. 请建立确定视频拍摄地点的数学模型，并应用你们的模型给出若干个可能的拍摄地点.

如果拍摄日期未知，你能否根据视频确定出拍摄地点与日期？

2. 模型假设

（1）假设问题所给的数据均有测量误差但可接受；

（2）假设本题中均以北京时间作为参照时间；
（3）假设地球匀速自转；
（4）假设问题四中，摄像机是正对着直杆拍摄的，视线水平.

3. 问题一

3.1 问题分析

本问题要求分析影子长度关于各个参数的变化规律，因此需确定影响影子长度的参数，并通过推导得出其与影子长度的关系. 首先根据三角函数关系，建立影子长度表达式为：

$$L=\frac{h}{\tan\alpha},$$

其中，h 为直杆高度，L 为直杆影子长度，α 为太阳高度角. 以该表达式作为切入点，做进一步分析，通过查阅相关文献[1]，了解到太阳高度角与某地的纬度、地方时和太阳直射纬度（即赤纬）有关，因此需先求出赤纬和地方时. 而赤纬和地方时又受不同因素影响，由此建立分析思路图，如图 1 所示：

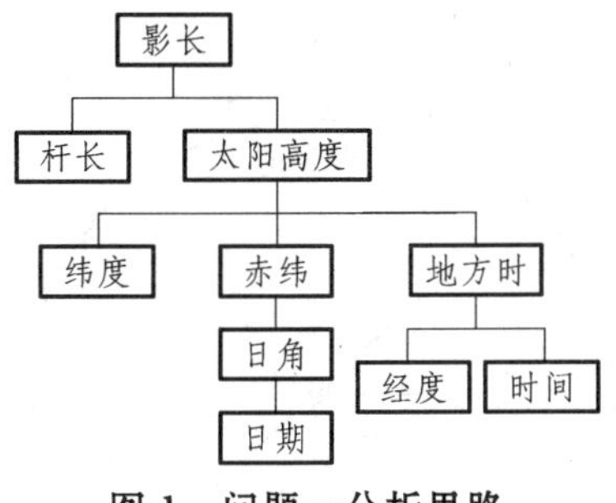

图 1　问题一分析思路

根据上图思路，将基本表达式逐步分解细化，最终可以得到影子长度关于各影响参数变化模型，进而利用数学表达式对影子长度的变化进行描述. 最后将题目中所给具体数据代入模型进行计算，即可得到影子变化曲线.

3.2 影子长度参数变化模型

影子长度与光线照射角度有关，即与太阳高度角有关. 根据其关系可绘制出直杆与影子的关系如图 2 所示：

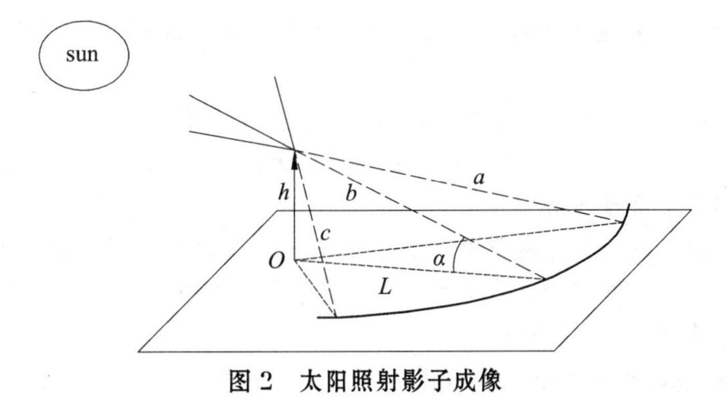

图 2　太阳照射影子成像

其中，h 为直杆高度，a,b,c 为太阳照射光线，L 为直杆影子长度，α 为太阳高度角. 根据简单三角函数关系可知，直杆影子长度为：

$$L=\frac{h}{\tan\alpha} \tag{1}$$

由于太阳高度角受许多因素影响，接下来做进一步分析.

1）影响太阳高度角的因素

通过查阅资料[1]可知，太阳高度角的计算公式为：

$$\sin\alpha=\sin\phi\sin\varphi+\cos\phi\cos\varphi\cos\beta \tag{2}$$

其中 ϕ 为某地纬度，φ 为赤纬，β 为时角. 因此可以知道，影响太阳高度角的因素主要有：纬度、赤纬和时角.

（1）建立天球坐标系.

天文学上用赤经和赤纬这一对数值表示天体在星空中的位置，这个坐标系即为天球坐标系. 假设地球是静止不动的，现以地球为中心，以任意长度为半径，做一假想的球面. 球面上包括宇宙内所有星体，且球面绕地轴作旋转运动. 这个球体即为天球，如图 3 所示.

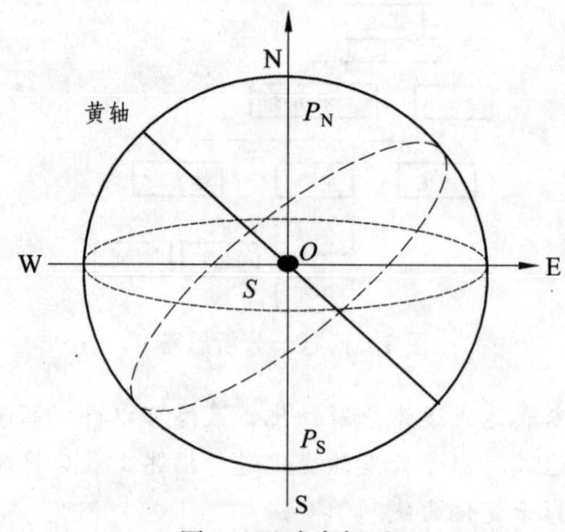

图 3　天球坐标系

在天球坐标中[2]，将地轴线延长至与天球相交，形成天轴 P_NP_S，这两个交点为天极，其中，P_N 为北天极，P_S 为南天极. 将地球赤道面扩展至与天球相交，形成天球赤道，即为 S. 地球绕太阳的运行轨道为黄道面，这里即为太阳系运行轨道面，该平面与天球赤道面的夹角为 23.54°.

天球坐标系以地球为球心，以东西方向为 x 轴，以南北方向为 y 轴，以北半球的影子成像，确定坐标正负：正西方向为正值，正东方向为负值；正北方向为正值，正南方向为负值.

（2）正午太阳高度角与纬度的关系.

一天内太阳高度角最大的时候即为当地正午，将此时的太阳高度记为正午太阳高度角. 正午太阳高度角与直射点所处的纬度存在一定的关系，设 ϕ 为某地纬度，φ 为直射点纬度，各地正午太阳高度分为以下两种情况：

① 当太阳直射点纬度和所求地区的纬度位于同一半球时：

$$\alpha_{正} = 90° - (\phi - \varphi)$$

② 当太阳直射点纬度和所求地区的纬度位于不同半球时：

$$\alpha_{正} = 90° - (\varphi - \phi)$$

综上所述，正午太阳高度角与纬度的关系可以描述为：

$$\alpha_{正} = 90° - |\phi - \varphi| \tag{3}$$

此时可以确定纬度为影响影长变化的一个重要因素.

（3）赤纬和日角.

将地球上的经度和纬度坐标扩展至天球即为赤道坐标系. 地球上的纬度圈延展至赤道坐标系中，就是赤纬. 赤纬与赤道平行，又称作太阳直射纬度. 一年之中，太阳直射点在南北回归线之间来回运动，可简单表述为图 4 所示的运动路径.

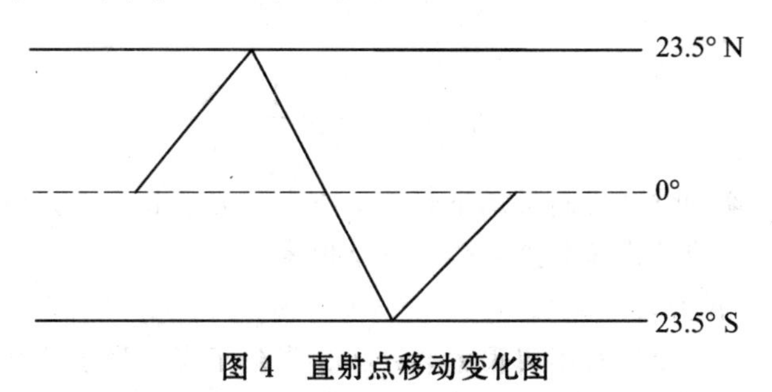

图 4　直射点移动变化图

由图可知，太阳直射点呈不断移动状态，即太阳赤纬不断变化. 通过查阅天文学文献[1]可知，赤纬的变化符合如下公式：

$$\begin{aligned}\varphi = 0.3723 + 23.2567\sin\theta + 0.1149\sin 2\theta - 0.1712\sin 3\theta \\ - 0.758\cos\theta + 0.3656\cos 2\theta + 0.0201\cos 3\theta\end{aligned} \tag{4}$$

其中 θ 为太阳日角：

$$\theta = \frac{2\pi(d - d_0)}{365.2422} \tag{5}$$

式中 d 为某年中的某一天，如某年 3 月 1 日；d_0 为基本常数：

$$d_0 = 79.6764 + 0.2422 \times (n - 1985) - \mathrm{int}((n - 1985)/4) \tag{6}$$

n 为某年年份，如 2000 年. 那么，在 2015 年时，$d_0 = 79.942$.

综合（4）（5）（6）式可得出日期与正午太阳高度角的关系：

$$\alpha = 90° - |\phi - \varphi(d)| \tag{7}$$

此时，得出了第二个影响影子长度变化的因素：日期.

（4）计算地方时.

因经度不同，造成各地地方时不同. 地方时是指在地球上某一点通过太阳位置确定的时间[1]. 假设在某一天内，太阳直射点所处的纬度（即赤纬）是不变的，仅是太阳照射的经度发生变化，以北京时刻为参照时间，则参照点的地方时为：

$$\beta(T)=(12-T)\times\frac{12}{\pi}$$

其中

$$T=hour-\frac{m}{60}-\frac{s}{3600}$$

式中 $hour$ 为小时，m 为分钟，s 为秒钟，T 为一天中的时刻（单位：小时）.

为得到任意经度的地方时，首先将地方时差用经度差表示：

$$\text{地方时差}=\text{经度差}\times\frac{1}{15}$$

$$\text{经度差}=\text{参照点经度}-\text{所求地经度}$$

那么，某地的地方时为：

$$\beta=\beta_T+(120-\lambda)\times\frac{1}{15}\times\frac{\pi}{180} \tag{8}$$

式中 λ 为所求地的经度. 此时，得到第三个和第四个影响影子长度变化的因素：时间和经度. 由（1）式可知，杆长也是影响影子长度变化的一个因素.

2）影子长度变化模型的建立

在上述推导过程中，通过对不同因素的分析，得到了影响影子长度变化的五个因素. 将上述所有公式进行总结归纳，可得出这五个影响因素与影子长度之间的关系，即为所求的影子长度变化模型，可通过如下方程组表示：

$$\begin{cases}L(\phi,\varphi,\lambda,d,T)=\dfrac{h\sqrt{1-\sin^2\alpha}}{\sin\alpha}\\ \alpha(\phi,\varphi,\lambda,d,T)=\arcsin[\cos\phi\sin\varphi(d)+\cos\phi\cos\varphi(d)\cos\beta(T)]\\ \varphi(d)=\varphi=0.3723+23.2567\sin\dfrac{2\pi(d-d_0)}{365}+0.1149\sin\dfrac{4\pi(d-d_0)}{365}-0.1712\sin\dfrac{6\pi(d-d_0)}{365}-\\ \qquad 0.758\cos\dfrac{2\pi(d-d_0)}{365}+0.3656\cos\dfrac{4\pi(d-d_0)}{365}+0.0201\cos\dfrac{6\pi(d-d_0)}{365}\\ \beta(T,\lambda)=\left(12-hour-\dfrac{m}{60}-\dfrac{s}{3600}\right)\times\dfrac{\pi}{12}+(120-\lambda)\times\dfrac{1}{15}\times\dfrac{\pi}{180}\end{cases}$$

这就是影子长度与经度、纬度、太阳高度角、太阳直射点纬度和杆长之间的关系. 太阳高度角影响日时间变化，太阳直射点纬度影响年时间变化，则最终确定影响影子长度的参数为：经度、纬度、时间、日期、杆长.

3.3 模型求解与结果分析

为了更直观地描述五个因素对于影子长度变化的影响，采用单一变量法，在规定其他参数一定的情况下，得到某一参数变化时影子长度的变化规律. 这里人为拟定一组数据，结合模型，利用 Matlab（程序见附录一）分别绘制出影子随五个因素的变化规律图，通过图像得到影子长度关于五个参数的变化规律.

1）影子长度随纬度变化规律

在经度、时间、日期、杆长不变的情况下，影子长度随纬度的变化规律如图 5 所示.

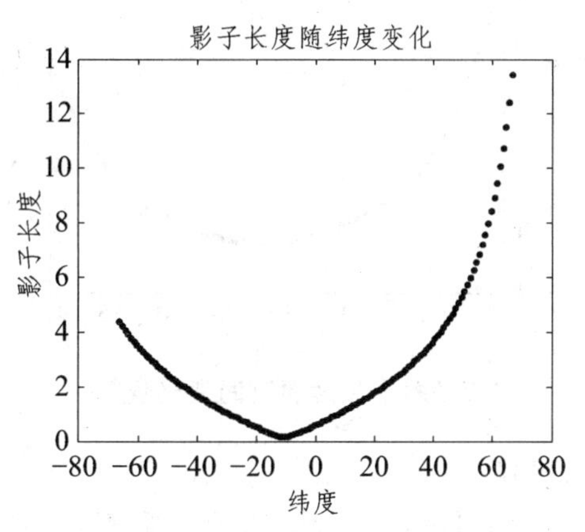

图 5　影子长度随纬度变化规律

由图可以看出，其他条件一定时，太阳直射纬度即赤纬上的影子长度最短为 0，并且以赤纬为中心向南北两极逐渐增长. 如：当太阳直射北回归线，即赤纬为 23.5°N 时，北回归线上的直杆影子长度为 0，北回归线以北地区，越往北影子长度越长，北回归线以南地区，越往南影子长度越长.

2）影子长度随经度变化规律

在纬度、时间、日期、杆长不变的情况下，影子长度随经度的变化规律如图 6 所示.

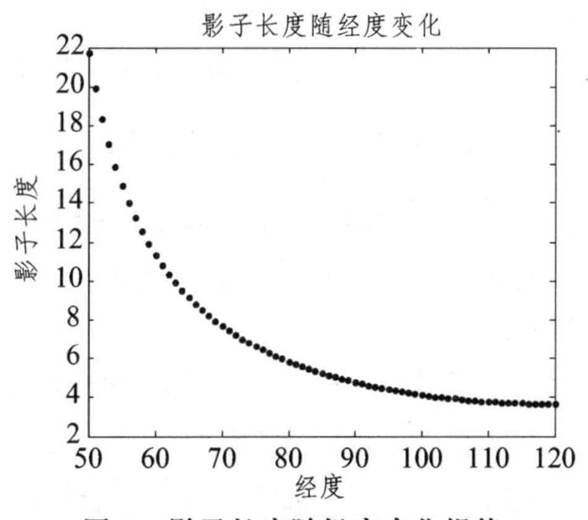

图 6　影子长度随经度变化规律

由图可以看出，其他条件一定时，以北京时间为基准，所处经度越靠近东边，影子长度越长.

3）影子长度随时间变化规律

在纬度、经度、日期、杆长不变的情况下，影子长度随时间的变化规律如图 7 所示.

由图可以看出，其他条件不变时，以北京时间为参照，一天之中影子长度在日出时最长，随着时间推移呈逐渐缩短趋势，在正午 12 点时达到最短，然后再逐渐增长，在日落时长度再次达到最大. 但需注意，由于各地地方时不同，所以并非每地的正午都为 12:00.

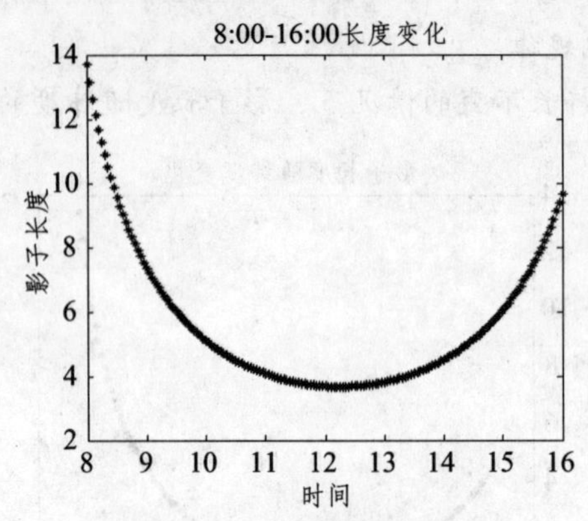

图 7 影子长度随时间变化规律

4）影子长度随日期变化规律

在纬度、经度、时间、杆长不变的情况下，影子长度随日期的变化规律如图 8 所示.

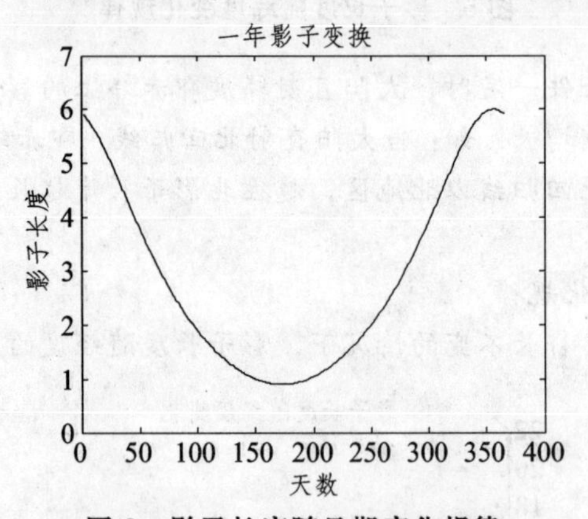

图 8 影子长度随日期变化规律

由图可以看出，其他条件一定时，同一天内时间变化规律类似，一年内影子长度关于夏至日或冬至日呈对称分布，夏至日或冬至日时，影子长度最短.

5）影子长度随杆长变化规律

在纬度、经度、时间、日期不变的情况下，影子长度随杆长的变化规律如图 9 所示.

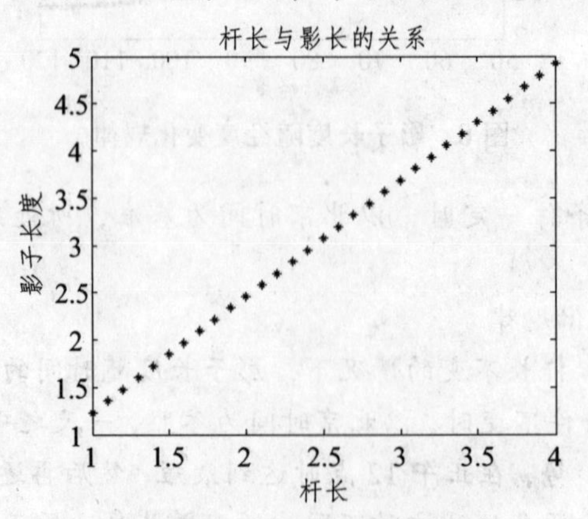

图 9 影子长度随杆长变化规律

由图可以看出，杆长与影长呈一次线性关系，在其他条件不变前提下，杆长越长，影长越长.

3.4　求解天安门广场影子变化曲线

将题目给出的数据代入模型计算，通过 Matlab 编程（程序）可以绘制出 2015 年 10 月 22 日北京时间 9:00-15:00 之间天安门广场上 3 米高的直杆的太阳影子长度变化曲线，如图 10 所示：

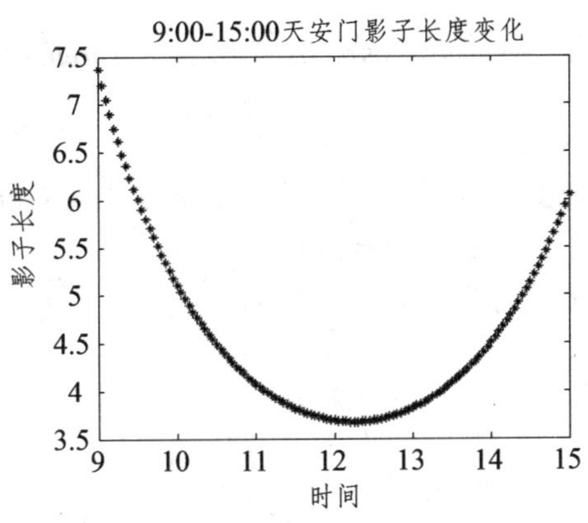

图 10　天安门广场影子长度变化

由图可以看出，影子长度的变化随时间的推移，由日出时最长慢慢变短到当地正午时分的最短，然后再慢慢变长到日落时再次达到最长. 通过以上计算还能得出，天安门广场的正午时间出现在北京时间 12:15，太阳高度角为 39°13′48″.

4. 问题二

4.1　问题分析

利用问题一建立的模型，结合题目所给条件可知，经度、纬度和杆长未知，题目所给影子端点坐标所在的坐标系未知. 上文已经发现杆长与影子长度的关系为一次函数关系，因此不予考虑. 在相同的时间段内，方向角的变化量是不受坐标系的影响的，于是采用方向角在相同时间段内的变化量来消除坐标系未知造成的影响.

接着以问题一的模型为基础，建立地点判断模型. 由顶点数据求出实际情况下一定时间内的太阳方位角变化量 r，然后计算一定经纬度范围内相同情况下的角度变化量 r_i，通过比较两者之间的误差确定可能地点范围，再利用最优思想搜索最小值，所得结果即为直杆可能所处的地点.

4.2　太阳方向角

1）计算方向角

本题需要根据直杆影子顶点坐标数据建立模型，而影子顶点坐标所处的坐标系未知. 为了消除坐标系不确定性对于结果的影响，采用固定时间段内太阳方向角的变化量进行处理. 太阳方向角是指太阳的直射光线在地平面上的投影与地平面正南方向的夹角，以 δ 表示. 通过查阅资料可知[1]，方向角的计算公式为：

$$\delta = \arccos[(\sin\alpha\sin\phi - \sin\varphi)/(\cos\alpha\cos\phi)] \tag{9}$$

为区分上午、下午不同时刻对于方位角的影响，需要对公式分情况进行讨论，即研究当地正午时间与 12 点的关系：

（1）当当地正午时间大于 12 点时：

$$\delta = \arccos[(\sin\alpha\sin\phi - \sin\varphi)/(\cos\alpha\cos\phi)] + 180°,\quad (hour - (120-\lambda)/15) > 12$$

（2）当当地正午时间小于 12 点时：

$$\delta = -\arccos[(\sin\alpha\sin\phi - \sin\varphi)/(\cos\alpha\cos\phi)] + 180°,\quad (hour - (120-\lambda)/15) < 12$$

2）端点坐标与方向角的关系

一段时间内太阳方向角的变化量是不受坐标系影响的，但是由于坐标系的不确定性，导致太阳方向角变化量的计算方式有如下两种情况：

（1）坐标系的 y 轴更偏向于南北方向，如图 11 所示.

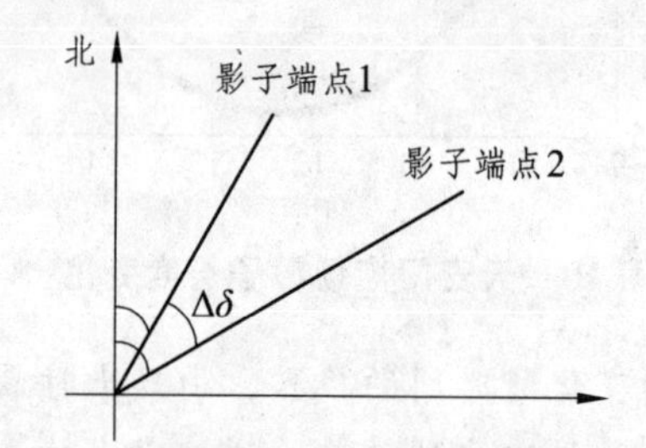

图 11　坐标系的 y 轴更偏向于南北方向

太阳方位角变化量 $\Delta\delta$ 表达式为：

$$\Delta\delta = \arctan\frac{x_2}{y_2} - \arctan\frac{x_1}{y_1}$$

（2）坐标系的 x 轴更偏向于南北方向，如图 12 所示.

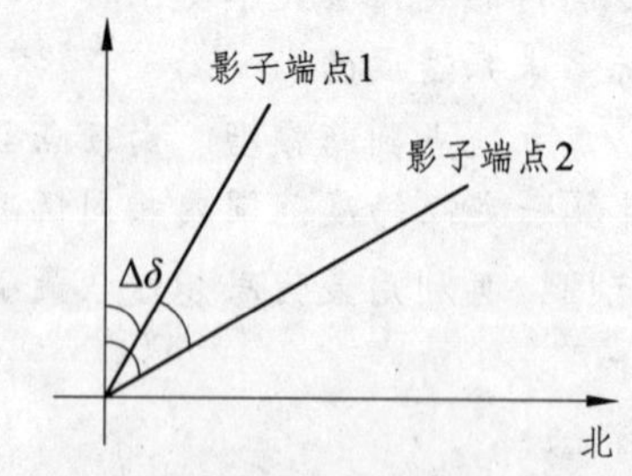

图 12　坐标系的 x 轴更偏向于南北方向

太阳方位角变化量 $\Delta\delta$ 的表达式为：

$$\Delta\delta = \arctan\frac{x_1}{y_1} - \arctan\frac{x_2}{y_2}$$

其中 (x_1, y_1) (x_2, y_2) 分别为一段时间内起止时间影子的顶点坐标.

4.3　地点判断模型的建立

通过方位角的计算公式，可以发现其与赤纬、地方时和太阳高度角存在一定的关系. 结合问题一中建立的模型，可以得到如下方程组：

$$\begin{cases} \varphi(d)=\varphi=0.3723+23.2567\sin\dfrac{2\pi(d-d_0)}{365}+0.1149\sin\dfrac{4\pi(d-d_0)}{365}-0.1712\sin\dfrac{6\pi(d-d_0)}{365} \\ \qquad -0.758\cos\dfrac{2\pi(d-d_0)}{365}+0.3656\cos\dfrac{4\pi(d-d_0)}{365}+0.0201\cos\dfrac{6\pi(d-d_0)}{365} \\ \sin\alpha(\phi,\varphi,\lambda,d,T)=\cos\phi\sin\varphi(d)+\cos\phi\cos\varphi(d)\cos\beta(T) \\ \beta(T,\lambda)=\left(12-hour-\dfrac{m}{60}-\dfrac{s}{3600}\right)\times\dfrac{\pi}{12}+(120-\lambda)\times\dfrac{1}{15}\times\dfrac{\pi}{180} \\ \delta=\arccos(\sin\alpha\sin\phi-\sin\varphi)/(\cos\alpha\cos\phi) \end{cases}$$

上述方程组中，共包含经度、纬度两个未知数. 因此，将本问转化为在其他条件已知的情况下，确定经纬度的问题.

4.4　全局最优搜索算法模型

1）确定经纬度范围

根据问题一中影子的长度随时间变化的情况，可以大致找出该点可能的经纬度范围，然后采用遍历的方式，对每一个可能的地点进行太阳方位角的计算. 事先设定一个阈值用以控制经纬度的方位大小，将计算得来的数据与附件所给数据进行对比，找出其中可能的点的坐标.

2）模型的建立

在确定经度和纬度的变化范围之后，建立全局搜索算法模型. 具体算法步骤如下：

step1：根据经度和纬度范围确定一个区域，在区域内随机选择一个点 i，计算该点在固定时长内的方位角变化量 r_i，这里时长取每 3 分钟为一段，然后确定误差精度 η；

step2：将计算出的角度变化量 r_i 与实际方位角变化量 r 相比较：

$$|r_i-r|\leqslant\eta$$

若误差 $|r_i-r|\geqslant\varepsilon$，就返回 step1 寻找下一个点 r_{i+1} 重复运算，若误差 $|r_i-r|\leqslant\varepsilon$，则说明该点为精度误差内的点，此时输出 i，该点即为直杆可能所处地的经纬度坐标；

step3：经过若干个点的搜索后，所有输出点组成了满足条件的集合 $\{i_n\}$，但在集合内仍存在许多点，为了精确确定直杆所处地点，还需对集合内的点进行最优筛选，在集合内选取误差最小的点：

$$i'=\min|r-r_i|$$

i' 即为最终确定的直杆所在地.

4.5　模型求解

将题目附件一所给数据代入上述模型，通过 Matlab 编程（程序见附录二）求解出直杆所处的可能地点为我国海南三亚附近和新加坡附近，两点的经纬度坐标为：

① 我国海南三亚：$(109°12'\mathrm{E}, 18°12'\mathrm{N})$；

② 新加坡：$(104°24'\mathrm{E}, 0°54'\mathrm{N})$.

5. 问题三

5.1 问题分析

本问要求确定直杆所处的地点和日期，此时未知量由两个增加至三个，问题二中建立的模型无法满足求解要求，因此需要在该模型的基础上进行优化改进. 采用全局最优搜索算法对日期和经纬度三个参数进行求解，区间遗传算法对这类问题的求解有比较好的选择，它能很好地解决多维全局最优问题.

5.2 建立多维情况下的区间遗传算法模型

基于第二问的思想，仍旧根据固定时间内方位角的变化量对可能点进行搜索. 但全局最优搜索模型执行效率较低，不能够删除大片不含有全局最优解的搜索空间，且在算法后期会使收敛速度变得很慢，又因为本问中未知量由两个增加至三个，加入了日期未知量，出现多维情况，所以需对模型进行改进，建立多维情况下的区间遗传算法模型[3]，并对可能点进行搜索.

1）区间算法搜索可能区域

假设：

$$Z^x=(Z_i^x)_{a\times1}\in C(Z^0)\text{，}\ Z_i^x=[m_i^x,n_i^x]\text{，}\ i=1$$

令：

$$m^x=(m_i^x)_{a\times1}\text{，}\ n^x=(n_i^x)_{a\times1}\in U^a\text{，}\ x=0,1,\cdots$$

step1：给定精确度 $\mu>0$，初始化 $\varepsilon=0$；

step2：取 $W^0=Z^0$，计算 f 在区间 Z_i^x 上的边界最小值 $\overline{f}_0=\min(f(m^0),f(n^0))$，并记录边界最小值时的坐标 $\overline{v}_0=\left\{p\,\middle|\,f(p)=\overline{f}_0,p=m^0\text{或}n^0\right\}$；

step3：对任意 $Z^x\in W^\varepsilon$，计算 F 在区间 Z^x 上函数值的上下界：

$$F(Z^x)=[\underline{F_x},\overline{F}_x]\text{，}\ x=1,2,\cdots,\left|W^\varepsilon\right|$$

这里 $\left|W^\varepsilon\right|$ 表示 W^ϵ 中盒子的个数；

step4：首先从 W^ϵ 中删除所有满足 $F_x>\overline{f}_\varepsilon$ 的盒子 Z^x，然后对 W^ϵ 中剩余的盒子进行单调性判别；

step5：设 W^ϵ 中剩余盒子的最大宽度为：

$$Z^\varepsilon=(Z_i^\varepsilon)_{a\times1}\text{，}\ Z_i^\varepsilon=[m_i^\varepsilon,n_i^\varepsilon]\text{，}\ i=1,2,\cdots,n$$

选取点 $c=x(Z^\varepsilon)$，计算 F_i' 在新区间 Z^ε 上的上下界 $F_i'(Z^\varepsilon)=[\underline{f_i'},\overline{f_i'}],i=1,2,\cdots,n$，其中，$\overline{f}_{\varepsilon+1}=\min(f(m^\varepsilon),f(n^\varepsilon),\overline{f}_\varepsilon)$，记录最小点的坐标：

$$\overline{W}_{\varepsilon+1}=\{p\,|\,f(p)=\overline{f}_\varepsilon,p\in\overline{W}_\varepsilon,p=m^\varepsilon\text{或}n^\varepsilon\}$$

① 若 $f(c)=\overline{f}_{\varepsilon+1}$，则取 $\overline{W}_{\varepsilon+1}=\{c\}\bigcup\overline{W}_{\varepsilon+1}$，将 Z^ε 沿最长边进行二等分，得到两个新盒子，记作 Y_1, Y_2，且满足 $Z^\varepsilon=Y_1\bigcup Y_2$，并将 Y_1,Y_2 归入 W^ε；

② 若 $f(c)>\overline{f}_{\varepsilon+1}$，则 $\overline{f}_{\varepsilon+1}=f(c),\overline{W}_{\varepsilon+1}=\{c\}$，选取 $c=m^\varepsilon$或n^ε，对 Z^ε 应选择删除；

③ 若 $f(c)<\overline{f}_{\varepsilon+1}$，则对 Z^{ε} 直接删除，记 $W^{\varepsilon+1}$ 为当前剩余的所有盒子的序列，并计算相对应的区间扩张；

step6：如果 $w(Z^{\varepsilon})<\mu$，$\forall Z^{\varepsilon}\in W^{\varepsilon+1}$，表示该区间 Z^{ε} 已经达到了想要的要求，结束算法，转入 step8 进行结果的输出；否则，转入 step7 继续进行计算；

step7：将 $W^{\varepsilon+1}$ 中所有的不满足 $f(c)+\sum_{i=1}^{m}F_i(Z)(z_i-c_i)>\overline{f}$ 的盒子归纳到序列 $\overline{W}$ 当中，$\varepsilon=\varepsilon+1$，然后转入 step3 重新对盒子进行筛选；

step8：输出结果，结束算法.

2）基于区间搜索的遗传算法优化模型

通过区间算法搜索出的可能点为一个范围，在范围内存在若干个可能点. 为了使结果更加精确，引入遗传算法[3]的思想对某一范围内的可能点进行筛选，最终确定最优点，即为可能性最大的直杆所在的地点与日期.

（1）遗传算法初始化.

将区间搜索算法中得到的盒子，作为遗传算法的初始种群，将盒子个数作为初始种群的个体. 若初始种群数目等于盒子数目，则初始化完毕. 但有时候会出现以下两种情况：

① 若盒子数目大于初始种群数目，则令种群数目等于盒子数目.

② 若盒子数目小于初始种群数目，则在区间算法的表 W 中随机增加个体，使之达到初始种群数目.

（2）遗传算法迭代.

根据区间算法能够得到每个盒子的目标函数的上界 $\overline{F}$ 和下界 $\underline{F}$. 在迭代过程中，需即时更新目标函数的上下界. 上界容易获得，下界的更新过程则采用区间算法.

step1：更新上下界.

① 更新上界：每次迭代后，全局最大值的上界用种群中最好的个体的目标函数值代替.

② 更新下界：每次迭代后，全局最小值的下界用上次迭代过程中的上界代替.

step2：范围转移.

设 Z_s 是含有 n 维个体的一个最小凸盒子，$Z_s=\{z_1,z_2,\cdots,z_{\varepsilon}\}$，其中，$\varepsilon\le$ 种群数目. 当目标函数值在区间 $[\underline{F},\overline{F}]$ 内有 ε 个个体，且 $\varepsilon>e$ (e为某一数值) 时，就能构造出 Z_s，应用区间算法，在 Z_s 上可以得到另一组全局最小的范围，即上界 $\overline{F}_x$ 和下界 $\underline{F_x}$，从而更新了全局最小值的边界：

$$\underline{F}=\min\{\underline{F},\underline{F_x}\}\ ,\ \overline{F}=\max\{\overline{F},\overline{F}_x\}$$

step3：遗传算法的收敛.

设阈值为 ψ_z 或 ψ_F，则有以下两种收敛法则：

① $S(Z_s)\leqslant\psi_z$；

② $S(Z_F)\leqslant\psi_F$.

满足以上两种收敛法则时，停止运算，算法结束.

5.3 模型实例验证

根据前两问模型建立最优点输出函数：

$$f(\phi,\varphi,\lambda,d,T)=\left[\frac{h\sqrt{1-\sin^{2\alpha}}}{\sin\alpha}-L(T)\right]^2,\ T\in \text{测量时间点}$$

求解该函数的全局最优等价于求解下列三组独立函数：

$$f_1(d)=0.3723+23.2567\sin\frac{2\pi(d-d_0)}{365}+0.1149\sin\frac{4\pi(d-d_0)}{365}-0.1712\sin\frac{6\pi(d-d_0)}{365}-$$
$$0.758\cos\frac{2\pi(d-d_0)}{365}+0.3656\cos\frac{4\pi(d-d_0)}{365}+0.0201\cos\frac{6\pi(d-d_0)}{365}$$

$$f_2(T,\lambda)=\frac{\pi(12-T)}{12}+\frac{\pi(120-\lambda)}{2700}$$

$$f_3(\phi,\varphi)=\sin\phi\sin\varphi$$

其中 f_1 是关于日期的独立函数，f_2 是关于时间和经度的独立函数，f_3 是关于纬度的独立函数. 通过三组独立函数采用区间遗传算法求解.

1）区间遗传算法计算步骤

step1：使用区间算法定位全局最优点；

step2：初始化种群；

step3：计算种群中个体适应值；

step4：更新含有最优值的区间；

step5：选择进入下代的个体；

step6：应用遗传算子产生新个体；

step7：计算新个体适应值；

step8：判断是否满足停止准则，若满足，转至 step9，若不满足，转至 step4；

step9：输出 λ,ϕ 和 d.

2）模型求解

将问题附件二与附件三的数据代入模型，通过 Matlab 计算求解（程序见附录三）可以得到全局最优解的坐标和日期，详见表 1 和表 2：

表 1　附件二全局最优解的坐标和日期

7 月 13 日	(79°98′E,40°65′N)	(79°90′E,40°55′N)	(79°E,40°40′N)
7 月 14 日	(79°80′E,40°66′N)	(79°88′E,40°60′N)	(80°E,40°63′N)

表 2　附件三全局最优解的坐标和日期

3 月 21 日	(43°99′E,46°24′N)	(43°94′E,46°24′N)	(43°97′E,46°25′N)
3 月 20 日	(43°96′E,46°23′N)	(43°90′E,46°26′N)	(43°95′E,46°26′N)

通过两表中的结果可以看出，所求得位置结果相差不大，因此可以说明利用遗传算法在一定范围内搜索的最优解较为可信.

3）结果分析

为了更加直观地了解每个独立函数的最优解收敛情况，这里作出等高图（程序见附件八）进行分析说明，具体如图 13 至图 18 所示.

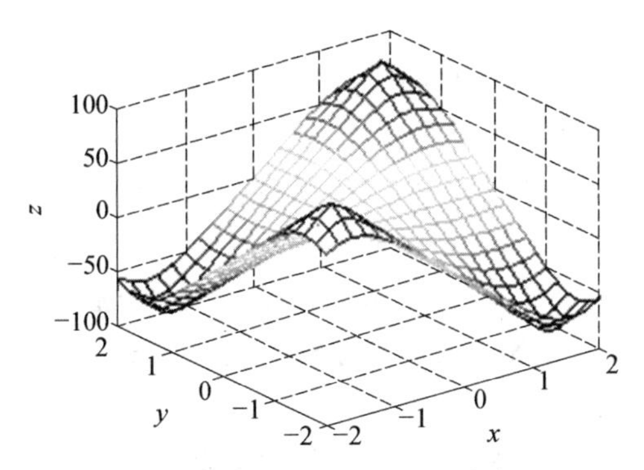

图 13　纬度独立函数三维等高图

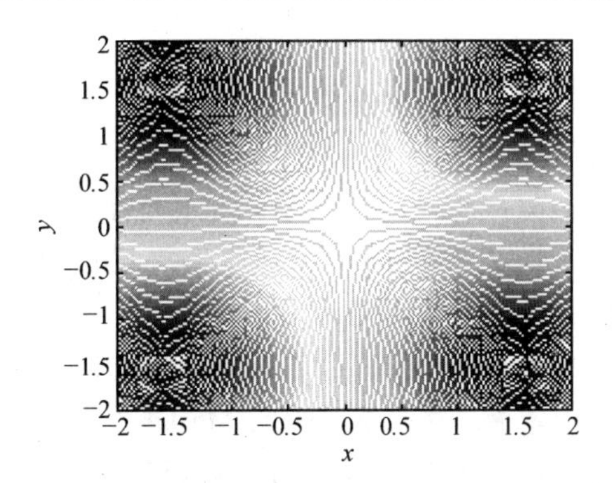

图 14　纬度独立函数平面等高图

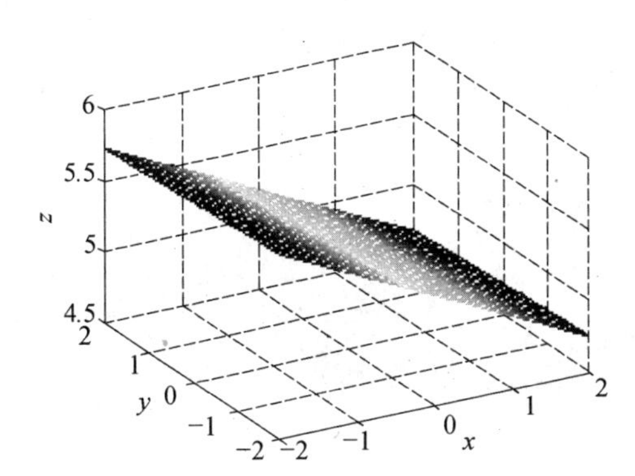

图 15　时间和经度的独立函数三维等高图

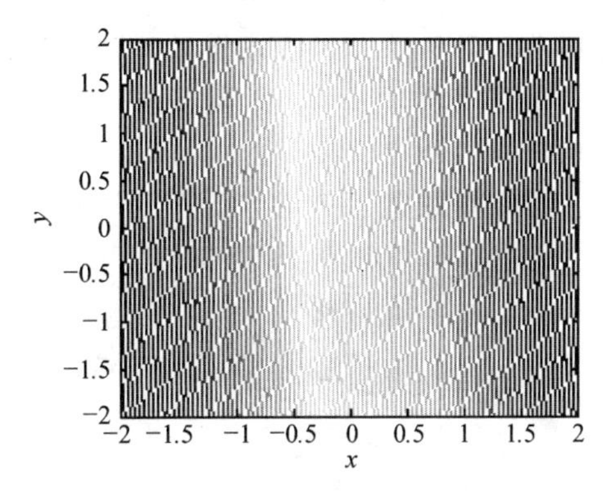

图 16　时间和经度的独立函数平面等高图

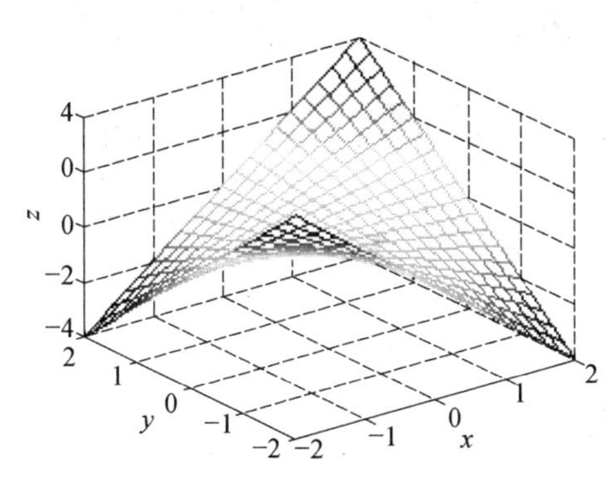

图 17　日期独立函数三维等高图

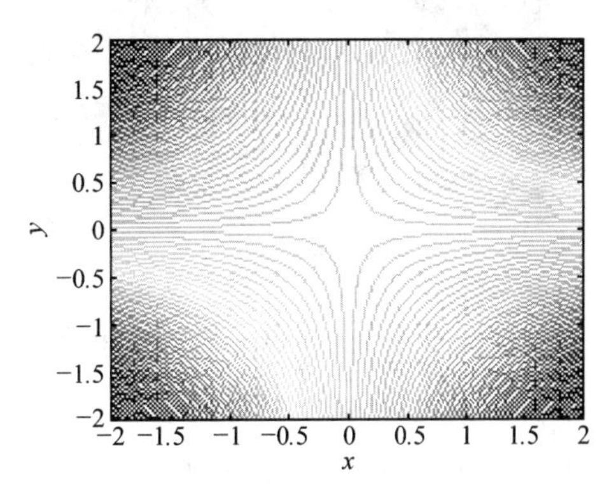

图 18　日期独立函数平面等高图

通过观察等高图知道，时间、经纬度最优解收敛于一个面，在一定的误差范围内存在多个最优解．说明该算法收敛速度快，能够将所有最优结果计算出来．

6. 问题四

6.1　问题分析

为确定拍摄地点，首先需要将附件所给的视频进行处理，提取出影长随时间变化的数据．然后根据影长随时间的变化规律，得出太阳高度角的变化规律．基于问题二的思想，在人为确定的经纬度区间范围内进行遍历搜索，得到整个方程的最优解，即为所求解的地点经纬度．

6.2 视频处理

为了从视频中提取可用信息，需对视频进行预处理．这里按时差为 3 分钟读取视频图像，得到 15 幅图像，具体图像处理步骤如下：

step1：将视频图像进行灰度处理[4]．灰度处理是将彩色图像转化成灰度图像的过程，经过灰度处理可使图像对比度扩展，图像清晰，特征明显．彩色图像的每个像素的颜色是通过 R,G,B 三个分量决定的，每个分量的取值范围为 0～255．灰度图像是 R,G,B 三个分量相同的一种特殊的彩色图像，在处理数字图像时，一般先将各种格式的图像转变成灰度图像以减少图像计算量．这里直接采用 Matlab 的灰度处理命令．

step2：采用直方均衡法对图像作均衡化处理[5]．直方图均衡法通过灰度变换函数将原图像的直方图修正为灰度均匀分布的直方图，然后按均衡直方图修正原图像．直方图均衡化处理是一种修改图像直方图的方法，通过对直方图进行均衡化修正，可使图像的灰度间距增大或灰度均匀分布，增大反差，使图像的细节变得清晰，这里直接采用 Matlab 的均衡化处理命令，处理结果如图 19 所示．

图 19 图像均衡化处理结果

step3：采用 *Otsu* 法求取阈值，然后对图像按一定规则进行分割，分离出背景和需要的部分，处理结果如图 20 所示．

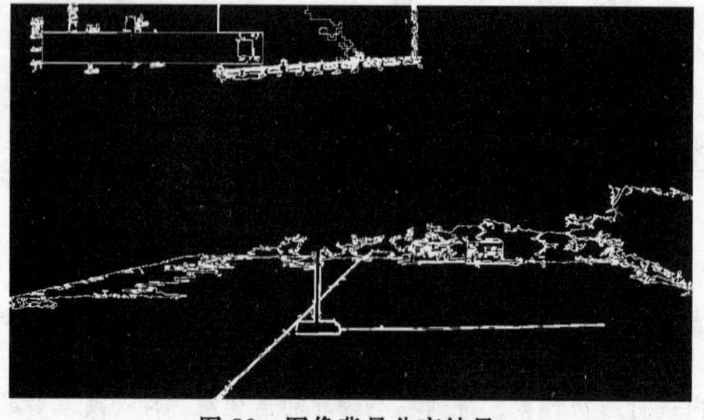

图 20 图像背景分离结果

step4：对图像进行二值化处理，灰度值在 130 和 203 之间的像素块赋值 30，其他像素块赋值为 255，处理结果如图 21 所示.

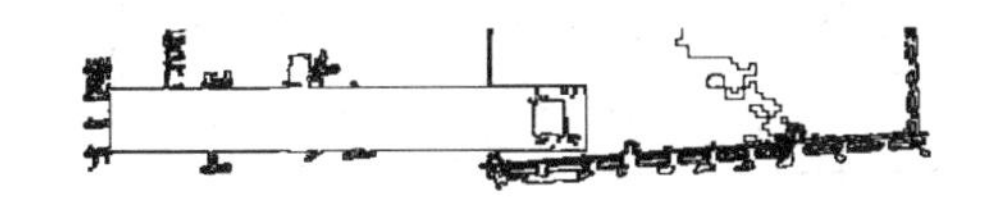

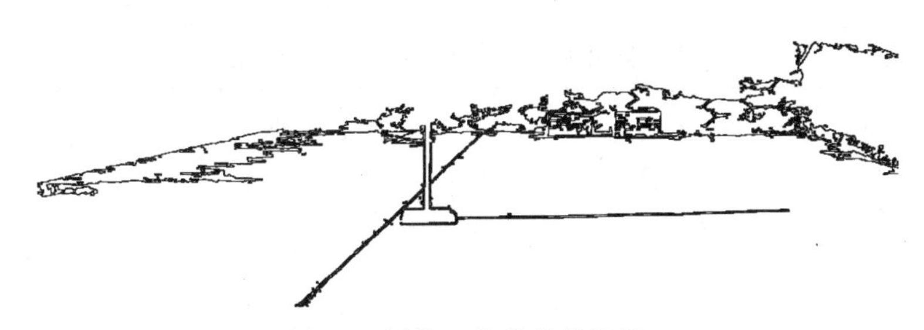

图 21　图像二值化处理结果

step5：对二值化图像进行形态学处理，去除噪点，采用八邻域法统计像素点周围的有色像素面积，查找图像中的连通域，并对连通域进行颜色填充，去掉影子周围其他像素块，只留下杆底与影子的像素块，处理结果如图 22 所示.

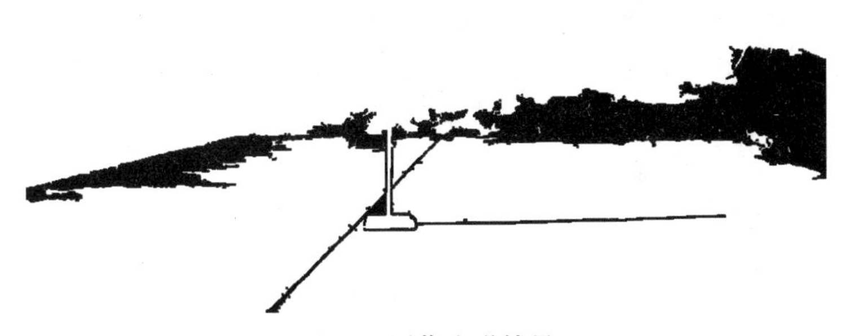

图 22　图像去噪结果

step6：寻找影子的端点和杆底的中心点，计算影子长度，结果如图 23 所示.

图 23　提取出的影子图像

通过上述处理过程，最终将图像处理的结果见表 3：

表3 图像处理数据结果

时间	影长（米）	时间	影长（米）	时间	影长（米）
8:54:06	2.415 878 353	9:07:44	2.218 246 912	9:21:23	2.020 829 471
8:56:50	2.379 924 781	9:10:28	2.179 336 708	9:24:07	1.978 965 829
9:59:33	2.333 510 826	9:13:12	2.141 959 590	9:26:50	1.949 081 742
9:02:17	2.287 096 871	9:15:56	2.104 582 473	9:29:34	1.914 713 320
9:05:01	2.254 167 419	9:18:39	2.068 654 876	9:32:18	1.880 344 899

通过表格中的数据可以得到在 2015 年 7 月 13 日 8:54 分-9:34 分影子长度的变化曲线，如图 24 所示：

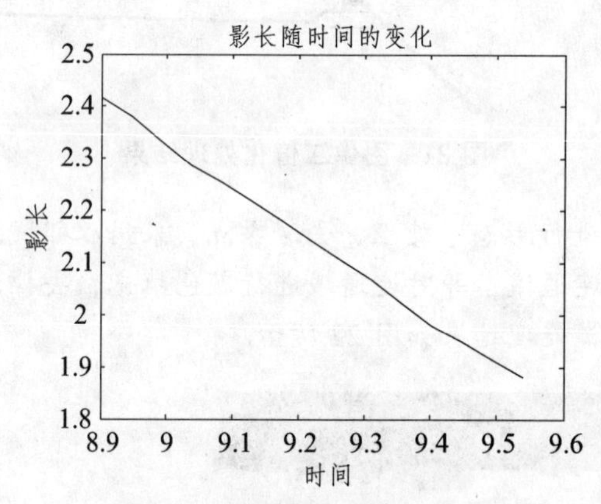

图 241 影子长度的变化曲线

由图像可以看出，影子长度随时间推移而变短.

根据影子长度的变化可以进一步得到高度角随时间的变化规律，如图 25 所示：

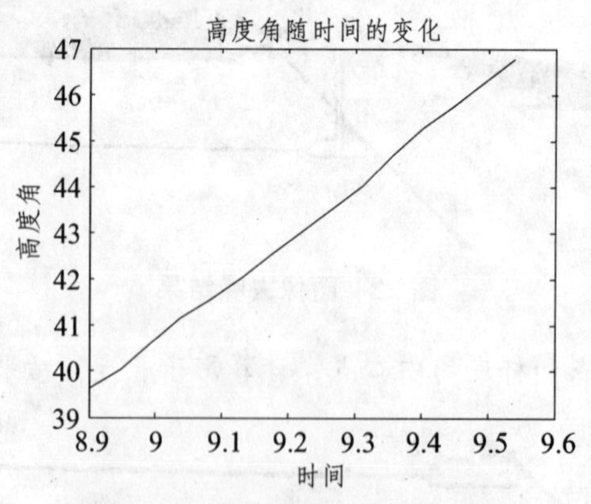

图 25 高度角随时间的变化规律

由图像可以看出，太阳高度角随时间推移逐渐增大.

6.3 确定视频拍摄地点数学模型的建立

1）初步确定直杆可能所在地

根据问题一中的影子长度随各参数变化模型，可建立如下方程组，得到直杆坐标的表达式：

$$\begin{cases}\beta = f(\lambda)\\ \varphi = f(d)\\ \sin\alpha = \sin\phi\sin\varphi + \cos\phi\cos\varphi\cos\beta\end{cases}$$

将视频中的时间、日期、年份等已知数据代入，求解上述方程组后，得到若干个直杆所在地的坐标. 但由于这些点仅通过方程数值计算得出，存在一些不准确的错误点，因此还需对结果做进一步判断筛选.

2）确定直杆最优所在地

利用视频处理所求出的影长和题目所给杆长，可以找到太阳高度角. 结合问题二中建立的全局最优搜索模型的思想，在一定的经纬度范围内，通过比较高度角随时间变化的计算情况与实际情况，确定可能点的范围，通过寻求最小值来获得最优解.

在本问中，具体建模步骤如下：

step1：设 i 为任意点，视频处理所得到的太阳高度角随时间的变化规律，即为实际量 α_{1i}；

step2：结合（2）式与（8）式获得计算量 α_{2i}，将两个方程联立可得：

$$\alpha_{2i} = \begin{cases}\sin\alpha = \sin\phi\sin\varphi + \cos\phi\cos\varphi\cos\beta\\ \beta = \beta_T + (120-\lambda)\times\dfrac{1}{15}\times\dfrac{\pi}{180}\end{cases}$$

step3：将实际量与计算量进行作差比较：

$$|\alpha_{1i} - \alpha_{2i}| \leqslant \xi$$

ξ 为人为设定的阈值，当 $|\alpha_{1i} - \alpha_{2i}| \geqslant \xi$ 时，说明不满足误差条件，舍去该点，当 $|\alpha_{1i} - \alpha_{2i}| \leqslant \xi$ 时，满足设定条件，输出点 i；

step4：经过若干个点的搜索后，所有输出点组成了满足条件的集合 $\{i_n\}$，但在集合内仍存在许多点，为了精确确定直杆所处地点，还需对集合内的点进行最优筛选，在集合内选取误差最小的点：

$$i' = \min|\alpha_{1i} - \alpha_{2i}|$$

i' 即为最终确定的直杆所在地.

6.4　模型求解

将附件四视频处理后得到的数据代入上述模型，并利用 Matlab 编程计算（程序见附录四），最终可以得到搜索出的最优点为：(110°54′E,40°24′N)，(111°E,40°54′N)，(111°6′E,41°24′N)，(111°12′E,41°48′N).

6.5　拍摄地点与日期的确定

在拍摄日期未知的情况下，假设知道视频中拍摄的直杆长度，我们来获取影子长度随时间变化的规律. 对所求参量（日期、经纬度）建立多维混合区间求解方程式，采用模型三的算法进行求解，能够得出可能的地点和日期，如表 4 所示：

表 4　可能地点和日期

7 月 16 日	(111°16′E,40°35′N)	(111°22′E,41°25′N)
7 月 5 日	(110°45′E,40°55′N)	(111°28′E,41°20′N)

7. 结果检验

对模型二中求解的其中一个点，将其经纬度代入模型一中求该点当天14:42-15:42的方位角变化量，并和题目给出的数据对比，如图26所示.

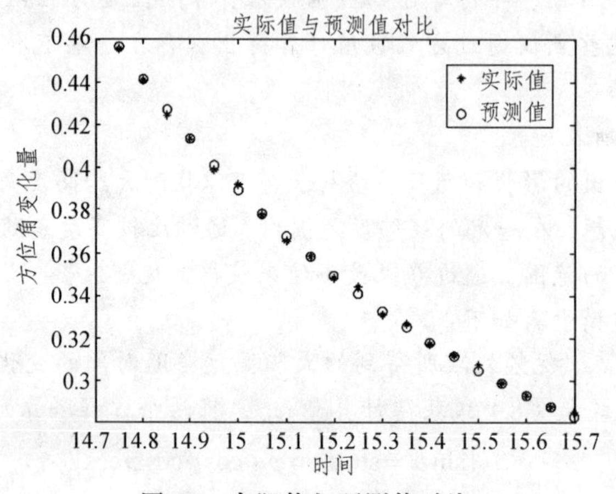

图26 实际值与预测值对比

不难看出，该方法所求出的最优解和实际情况基本一致，进而验证了最优解的可靠性.

8. 模型评价与优化

8.1 模型的优点

（1）问题一采用逐层分析思想由基本公式一层一层地分析出影响参数，思路递进.

（2）问题二采用方向角的变化量巧妙地消除了不确定的坐标系对结果的影响.

（3）问题三基于最优搜索思想，在已确定的范围内将最优值搜索出来，最终得到确定点而不是模糊区.

（4）问题四对视频提取图像进行了一系列处理，使图像误差降至较低，使得最终结果更加合理可信.

8.2 模型的缺点

（1）问题一中在选取影响参数时，忽略了年份变化对影子长度的影响.

（2）问题二模型数据计算量庞大，在Matlab中运算时间很长.

（3）问题四视频中直杆所处的初始位置并不确定，拍摄视线也是未知的，本文假设视线水平，但实际拍摄时会存在一定角度，因此计算结果存在一定误差.

8.3 模型的优化

1）问题一优化

在对基本模型的推导过程中，忽略了年份对于影子长度变化的影响. 在不同年份中的同一天中，随着年份的变化，太阳经纬度也在变化，呈逐年增加趋势，但是增加的速度非常缓慢. 结合问题一中的方程，可以大致判断影子的长度随着年份的增加在缓慢的减小，其速度非常小，若干年后才会产生一些肉眼可看到的变化.

2）问题二优化

在区域内搜索求解的过程中，发现算法的有效性不高. 采用搜索区域链表更新的方式进行搜索，步骤如下：

（1）先将要搜索的区域点全标记为 0（表示该点未代入计算），当该点标记为 1 时表示该点已经计算且不符合要求，当该点标记为 −1 表示该点符合残差范围的点且记为可能点.

（2）随机选取一点代入计算，当残差值大于要求的阈值时，就以该点为中心阈值为半径其周围的点全标记为 1；反之该点的周围全标记为 −1 并且输出这些点.

（3）重复步骤二当所有的可能点输出时，再寻找出这些点中残差最小的点即为最优点. 将该算法代入模型二中进行求解，发现算法的有效性得到了提高而且收敛速率也加快了.

9. 应用与推广

如今，在各行各业中，因影像定位技术所起到的高效、便捷、技术化的效果，使其被广泛认可和应用，如汽车行业中的倒车投影、医学中影像定位技术的应用以及地质测绘、房屋建筑等. 这些应用都说明了影像定位技术存在独特的优势，也说明这个技术就在我们身边，可用性与推广性很高.

本文所建立的几种搜索算法模型，都是基于搜寻最优解的思想. 这种思想可适用于多个领域，如线路选择、信息筛选等，具有较强的推广意义. 当前数字图像处理的应用日趋广泛，已经渗透到工业、航空航天、军事、医疗、科研等各个领域，在国民经济中起到的作用也越来越大. 如图像处理在医学领域的应用十分广泛，无论是临床诊断还是病理研究都大量采用图像处理技术. 随着时代的进步可以预想，在未来社会的发展中，图像处理技术将处于更重要的地位.

附　录

附录一　问题一求解程序

```
clear,clc
% 0:题目要求;1:计算一年;2:计算 8:00-16:00;3:经度变化;4:纬度变化;5:杆长
n=0;
year=2015;%%% 年
month=10;date=22;%%% 日期
time=2;%%% 时间
nameda=116.7;%%%% 经度
fai=39.9;%%%% 纬度
L=3;%%% 杆长
N=[31,28,31,30,31,30,31,31,30,31,30,31];
day=sum(N(1:(month-1)))+date;
if n==0
    clear time;time=9:0.05:15;
elseif n==1
    clear day;day=1:365;
elseif n==2
    clear time;time=8:0.05:16;
elseif n==3
    clear nameda;nameda=50:120;
elseif n==4
    clear fai;fai=-66.5:66.5;
elseif n==5
    clear L;L=1:0.1:4;
end
[h,beta]=sun(year,day,time,nameda,fai);%%% 计算高度角,方位角
x=L*cotd(h);%%%% 影长
if n==0
    plot(time,x,'k*');
    title('9:00-15:00 天安门影子长度变化');
    xlabel('时间');ylabel('影子长度');
elseif n==1
    plot(day,x,'k');
title('一年影子变换');
```

```
    xlabel('天数');ylabel('影子长度');
elseif n==2
    plot(time,x,'k*');
    title('8:00-16:00 长度变化');
    xlabel('时间');ylabel('影子长度');
elseif n==3
    plot(nameda,x,'k.');
    title('影子长度随经度变化');
    xlabel('经度');ylabel('影子长度');
elseif n==4
    plot(fai,x,'k.');
    title('影子长度随纬度变化');
    xlabel('纬度');ylabel('影子长度');
elseif n==5
    plot(L,x,'k*');
    title('杆长与影长的关系');
    xlabel('杆长');ylabel('影子长度');
end
beta2=diff(beta);
```

附录二 问题二求解程序

```
clear,clc
n=0;%%% 切换方位角计算方式
data=xlsread('附件 1-3.xls',1);
epsel=0.001;
x=data(:,2);y=data(:,3);
if n==0
    beta=atand(x./y);
elseif n==1
    beta=atand(y./x);
end
be=diff(beta);
% syms fai;
year=2015;%%% 年
month=4;date=18;%%% 日期
time=14.7:0.05:15.7;%%% 时间
% nameda=111;%%%% 经度
nameda=100:0.1:120;
```

```
fai=-0:0.1:45;%%%% 纬度
N=[31,28,31,30,31,30,31,31,30,31,30,31];
day=sum(N(1:(month-1)))+date;
N0=79.6764+0.2422*(year-1985)-floor((year-1985)/4);
theta=2*pi*(day-N0)/365.2422;%%%% 日角
delta=0.3723+23.2567*sin(theta)+0.1149*sin(2*theta)-0.1712*sin(3*theta)-...
0.758*cos(theta)+0.3656*cos(2*theta)+0.0201*cos(3*theta);%%%% 赤纬角度
for j=1:length(nameda)
    nam=nameda(j);
    for i=1:length(fai)
        k=fai(i);
        [h,b]=sun(year,day,time,nam,k);
        b=diff(b');
        beta1(j,i)=sum(b-be);
    end
end
beta1=abs(beta1);
[xx,yy]=find(beta1<=epsel);
dian=[nameda(xx);fai(yy)]
```

附录三 问题三求解程序

```
clear,clc
data=xlsread('附件 1-3.xls',2);
x=data(:,2);y=data(:,3);
beta=atand(y./x);
be=diff(beta);
% syms fai;
year=2015;%%% 年
time=14.7:0.05:15.7;%%% 时间
nameda=100:110;
fai=-44:54;%%%% 纬度
day=1:183;
for k=1:length(day)
    da=day(k);da=183;
    for j=1:length(nameda)
        nam=nameda(j);
        for i=1:length(fai)
            k=fai(i);
```

```
            [h,b]=sun(year,da,time,nam,k);
            b=diff(b');
            beta1(j,i)=sum(b-be);
        end
    end
    beta1=abs(beta1);
    m(k)=min(beta1(:));
end
beta1=abs(beta1);
[xx,yy]=find(beta1==min(beta1(:)));
dian=[nameda(yy),fai(xx)]
```

附录四 问题四求解程序

```
lear,clc
epsel=0.1;
data=xlsread('影长.xls');
x=data(:,2);
L=2;
H=atand(L./x);
year=2015;
month=7;date=17;
time=[8.9016,8.9472,8.9925,9.0381,9.0836,9.1289,9.1744,9.22,9.2656,9.3108,...9.3564,9.40
19,9.4472,9.4927,9.5383];
nameda=110:0.1:112;
fai=40:0.1:42;
N=[31,28,31,30,31,30,31,31,30,31,30,31];
day=sum(N(1:(month-1)))+date;
N0=79.6764+0.2422*(year-1985)-floor((year-1985)/4);
theta=2*pi*(day-N0)/365.2422;%%%% 日角
delta=0.3723+23.2567*sin(theta)+0.1149*sin(2*theta)-0.1712*sin(3*theta)-...0.758*cos(thet
a)+0.3656*cos(2*theta)+0.0201*cos(3*theta);%%% 赤纬角度
for j=1:length(nameda)
    nam=nameda(j);
    for i=1:length(fai)
        k=fai(i);
        [h,b]=sun(year,day,time,nam,k);
        be(j,i)=abs(sum(H-h'));
    end
```

```
end
[xx,yy]=find(be<=epsel);
dian=[nameda(xx);fai(yy)]
```

附录五　单帧图像提取程序

```
video=VideoReader('a2.avi');
LEN=video.NumberOfFrames;%%% 获得帧数 ---> LEN =61016
pathname='FFOutput';%%% 存放文件夹
filename='stores';%%% 存盘名
dir=strcat(pathname,filename,'\pic');
mkdir(dir);%%% 创建文件
fn=strrep(filename,'.avi','');
for k=1:4092:61016 %%% 由 read 到 len
    frame=rgb2gray(read(video,k));%%% 彩色变灰度
    imwrite(frame,strcat(dir,'\',fn,'-avi-000',int2str(k),'.jpg'),'jpg');%%% 保存每帧图像
end
i=1;j=2;
for k=1:4092:16369
    img=imread(strcat(dir,'\',fn,'-avi-000',int2str(k),'.jpg'));
    subplot(2,2,i);
     imshow(img)
     histgray=histeq(img);%%% 直方图均衡化处理
     th=graythresh(histgray);%%%    Otsu 法求阈值
     bw1=im2bw(histgray,th);%%% 图像分割
     subplot(2,2,j);
     imshow(histgray)
     i=i+2;
     j=j+2;
end
```

附录六　计算影子长度

```
w=1;
for u=1:4092:61016
    zx=imread(strcat(dir,'\',fn,'-avi-000',int2str(u),'.jpg'));
    a=double(zx); %%% 二值化
    for i=1:1080
        for j=1:1920
            if(a(i,j)>=130&&a(i,j)<=203)
```

```
                a(i,j)=30;
                else
                a(i,j)=255;
                end
            end
            b(i,j)=1*a(i,j);
        end
    end
b=uint8(b);
histgray=histeq(b);%%% 直方图均衡化
th=graythresh(histgray);
bw1=im2bw(histgray,th); %%% 边缘信息处理
[edge1,th_canny]=edge(bw1,'canny');
bw2=bwmorph(edge1,'dilate');%%% 形态学处理
f=bwareaopen(bw2,25000);%%% 将小于 25000 像素的单元去掉
% figure;imshow(f)
b1=~f;
% figure;imshow(b1)
b1=bwareaopen(b1,90000);%%% 将小于 90000 像素的单元去掉
% figure;imshow(b1)
b1=bwperim(b1);%%% 计算 BW4 周长
[imx,imy]=size(b1);%%% 计算长宽
[L,num]=bwlabel(b1,8);%%% 用不同的数字根据是否连通标记图像
L=~L;
% figure;imshow(L)
b1=bwfill(b1,'hole');%%% 填充背景
% figure;imshow(b1)
%%% 去掉影子以上部分
for i=1:1080
    for j=1:1920
        if(i<=833)
            b1(i,j)=1;
        else
            b1(i,j)=b1(i,j);
        end
    end
    b1(i,j)=b1(i,j);
end
c=0;l=0;%%% 行列初值为零
```

```
m=1;k=1;
for i=1:1920
    for j=1:1080
        if(b1(j,i)==0)
            if(i>=c)
                c=i;c1=j;
            end
        end
    end
k=k+1;m=m+1;
end
% figure;imshow(b1)
% figure;
subplot(5,3,w);imshow(zx)
    hold on
    x=[893.5315,870.1457];%%% 两点横坐标
    y=[205.6575,873.2165];%%% 两点纵坐标
    plot(x,y,'r.-','MarkerFaceColor','r');
hold on
    x1=c;y1=c1;
    xx=[x1,870.1457];%%% 两点横坐标
    yy=[y1,873.2165];%%% 两点纵坐标
    plot(xx,yy,'r.-','MarkerFaceColor','r');
hold on
%%% 计算影子长度 %
    ls1=[893.5315-870.1457,205.6575-873.2165];
    ls=norm(ls1);
    km=2/ls;
    ls2=[x1-870.1457,y1-873.2165];
    ls3(w)=km*norm(ls2);
    w=w+1;
%%% 计算误差
for i=2:(w-2)
    if(ls3(i)<=2||ls3(i)>=2.5)
    ls3(i)=((ls3(i-1)+ls3(i+1))/2);
end
t=3*(w-2);
x=0:3:t;
figure;
```

```
plot(x,ls3,'*-');
```

附录七 太阳高度角、方位角计算函数

```
function [h,beta]=sun(year,day,time,nameda,fai)
%%% 高度,方位角,年份,日期,时间,经度,纬度
N0=79.6764+0.2422*(year-1985)-floor((year-1985)/4);
theta=2*pi*(day-N0)/365.2422;%%%% 日角
delta=0.3723+23.2567*sin(theta)+0.1149*sin(2*theta)-0.1712*sin(3*theta)-...
0.758*cos(theta)+0.3656*cos(2*theta)+0.0201*cos(3*theta);%%% 赤纬角度
w=(12-time)*pi/12+(120-nameda)*pi/180;%%% 地方时弧度
h=asind(sind(fai). *sind(delta)+cosd(fai). *cosd(delta). *cos(w));%%%% 太阳高度角角度
beta=acosd((sind(h). *sind(fai)-sind(delta)). */(cosd(h). *cosd(fai)));%%%% 太阳方位角角度
```

附件八 等高图

```
%a=2*pi*(N-79.942)/365.2422;
%f1=0.3725+23.2567*sin(a)+0.1149*sin(2*a)-0.1712*sin(3*a)-0.758*cos(a)+0.3656*cos(2*
a)+0.0201*cos(3*a);
clear
x=-5:0.2:5;
y=-5:0.2:5;
[x,y]=meshgrid(x,y);
z=x.^4-8*x.*y+2*y.^2-3;
%z=cos(6*pi). *(x.*y);
%z3=-0.3*cos(4*pi). *(x-y)-1.4*cos(4*pi). *(x+y);
%z4=-0.5*cos(10*pi). *(0.05*x-0.1*y)-cos(10*pi). *(0.05*x+0.1*y);
%z=(12-x)*pi/12+(120-y)*pi/180;
%z=asind(sin(x). *sin(y));
figure(1)
mesh(x,y,z)
xlabel('x'),ylabel('y'),zlabel('z')
figure(2)
contour(x,y,z,300)
xlabel('x'),ylabel('y')
```

参考文献

[1] 黄晓东，王玉洁，等. 树木树冠阴影面积与种植间距的编程计算分析研究[J]. 北京农学院院报. 北京. 2013，28(1)：50-51.

[2] 王国安，米鸿涛，等. 太阳高度角和日出日落时刻太阳方位角一年变化范围的计算[J]. 气象与环境科学. 河南. 2007，30(9)：30-31.

[3] 陈健. 基于空间划分的搜索算法[D]. 山东大学. 山东. 2005，50-53.

[4] 刘晓乐，王素华. 灰度图像基本处理及实现[J]. 吉林化工学院院报. 吉林. 2005，22(2)：50-51.

[5] 刘锦辉. 图像增强方法的研究及应用[D]. 湖南师范大学. 2009，9-10.

[6] 卢丽君. 大学生数学建模竞赛魅力何在[N]. 中国教育报，2006201213(3).

[7] 李尚志. 培养学生创新素质的探索———从数学建模到数学实验[J]. 大学数学，2003，19(1)：46250.

[8] 陈国华，韦程东，蒋建初，付军. 数学模型与数学建模方法[M]. 天津：南开大学出版社，2012.

[9] 高鸿业. 西方经济学（微观部分）[M]. 北京：中国人民大学出版社，2007.

[10] 姜启源，谢金星. 数学模型[M]. 3 版. 北京：高等教育出版社，2003.

[11] 梁小民. 微观经济学[M]. 北京：中国社会科学出版社，1996.

[12] 王树禾. 微分方程模型与混沌[M]. 北京：中国科学技术出版社，1999.

[13] 蒋中一. 数理经济学的基本方法[M]. 上海：商务印书馆，2004.

[14] 萨缪尔森. 经济学[M]. 北京：华夏出版社，2000.

[15] 陈国华，韦程东，蒋建初，等. 数学模型与数学建模方法[M]. 2012.

[16] 胡庆婉. 使用 Matlab 曲线拟合工具箱做曲线拟合[J]. 2010, 07

[17] 李志林，欧宜贵. 数学建模及典型案例分析[M]. 2007, 04.

[18] 韩中庚. 数学建模方法及其应用[M]. 2 版. 2009, 02.

[19] 施冰. 统计软件包 SPSS 应用简介. 大理医学院学报. 2001, 10.

[20] 何武军，陆军，许林，盛冰. 统计软件 SPSS 和 STATISTICA 简介. 预防医学情报杂志. 2001，17.